鲸鉴
WHALES

[美]凯尔茜·奥赛德(KELSEY OSEID) 著绘

曾千慧 译

北京联合出版公司 · 乐府

Beijing United Publishing Co.,Ltd.

目录

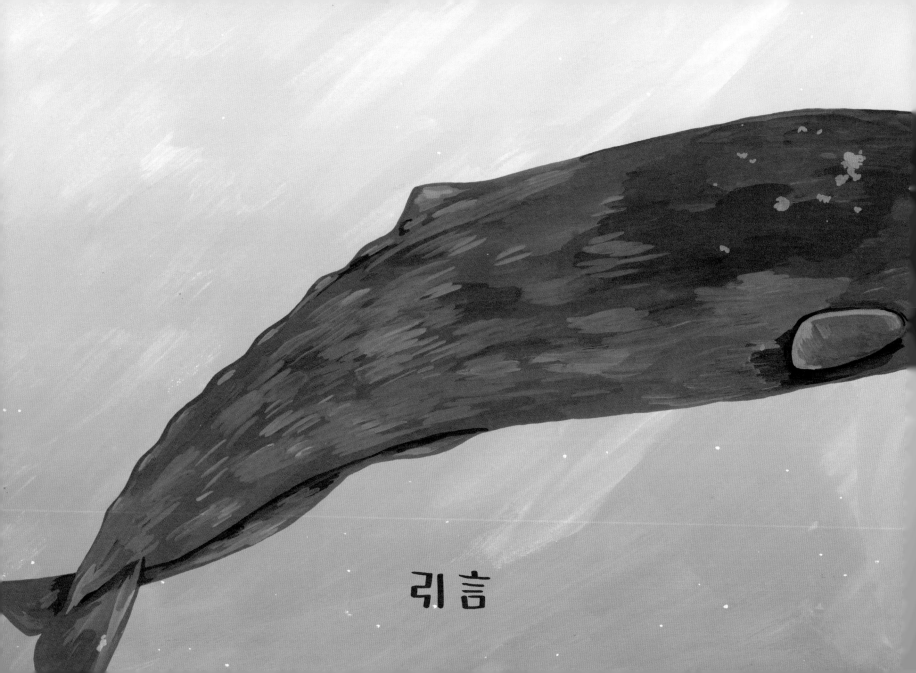

리듬

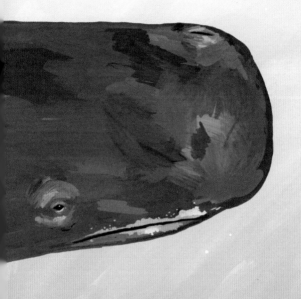

鲸类（鲸、海豚和鼠海豚）在千年来为人类所迷恋。鲸类和我们一样，是哺乳动物，但是它们存在于一个完全不同的世界。我们生活在陆地上，它们生活在水里。我们向东、西、南、北移动，而它们除了向这些方向移动，还会向"上"和"下"迁移。然而，在很多方面我们并没有什么不同。我们呼吸空气，我们养育我们的孩子，我们有复杂的家庭生活，鲸类也一样。

这本书是一本探索鲸类演化历史、分类、行为及其他方面的画册。它介绍了鲸、海豚和鼠海豚是如何从早期的哺乳动物演化成现代主导海洋的巨兽的。通过这本书，你将会认识到鲸类相比于其他哺乳动物的独特的身体，还有它们令人难以置信的智慧思想。我们将会介绍如今生活在地球海洋与河流里的丰富的鲸类物种多样性，并提供给各位一探鲸类复杂生活的内部运作形式的机会，尽管它们的生活对人类来说依旧神秘，大部分仍是未知的。我们还将深入研究我们作为人类与我们的鲸类表亲之间的一些联系，令人遗憾的是，这些联系也包括我们出于自己的利益而对它们的利用。

著名的海洋生物学家西尔维娅·厄尔博士曾经说过："即使你从未有机会看见或触碰海洋，海洋也会触碰你，在你每一次呼吸的空气，你饮用的每一滴水，以及你吃的每一口食物里。"我们作为陆地哺乳动物的生活从根本上与海洋是联系在一起的，在这个世界历史的关键时刻——当人类向地球索取的资源超过地球所能给予人类之时——我们应该感激海洋，也应该努力去理解它。认识世界上迷人的鲸类——它们聪明、复杂，有时体贴，有时凶猛，它们潜入深海，在海洋里长途跋涉——使我们能够了解我们与世界上的水，以及生活在水中的生命的关系。

词汇

从分类学上来说，鲸类动物被分为两大类：齿鲸和须鲸。我们习惯于将"鲸"视为与"海豚"不同的一类，但实际上海豚和鼠海豚都属于齿鲸。

以下列出了一些对你学习和认识鲸、海豚以及鼠海豚有所帮助的术语和短语。

成年雄鲸

成年的雄鲸，称为"bull"。

幼鲸

幼年的鲸，称为"calf"。

成年雌鲸

成年的雌鲸，称为"cow"。

鲸群

成群的鲸。称为"pod"，有时也称为"school"或"herd"。

大型鲸类

用来指体形很大的鲸类动物。可以指多种须鲸，通常包括弓头鲸、露脊鲸、灰鲸、蓝鲸、长须鲸、布氏鲸、小须鲸和大翅鲸。而最大的齿鲸——抹香鲸，以及三种巨大的喙鲸有时也会被划入这一非正式类别中。

鲸

通常指的是任何属于鲸类动物各科里的体形较大的鲸，或者也可以特别指代名字当中出现了"鲸"的鲸类动物，例如领航鲸等。

海豚

指属于海豚科的小型齿鲸，不包括鲸和鼠海豚。

鼠海豚

指属于鼠海豚科的小型齿鲸，体形基本比鲸类下的其他科的动物小。大部分齿鲸，包括海豚，牙齿都是锥形齿，而鼠海豚的牙齿却是铲形齿。

形态学结构

鲸类已经演化出了高度特化的形态学结构，能够完美地满足它们在水生环境中生活的需求。也许我们对它们身体的某些部分感到熟悉，毕竟它们和其他海洋物种有共同之处（例如鳍），然而它们也拥有一些只有鲸类才具备的独一无二的特征（例如呼吸孔和额隆）。

呼吸孔

位于鲸类头顶部的用于呼吸的开口，类似于其他哺乳动物的鼻孔

额隆

某些齿鲸前额的隆起处，能够汇聚声波，有助于回声定位

吻 / 喙

鲸类动物头部向前伸出的颌，也被称为 "snout"

鳍肢

鲸类两片桨状的前肢，也叫"胸鳍"

背鳍

大部分鲸类背上会有竖起的鳍，但不是所有的物种都有

尾叶

鲸类动物的尾巴由两片水平的、扁平的叶状结构组成，每片被称为一片"尾叶"

与鲨鱼和其他鱼类一样，鲸类动物拥有流线型的身体，但是它们的尾巴是上下摆动的，鱼类的尾巴则是左右摆动的。

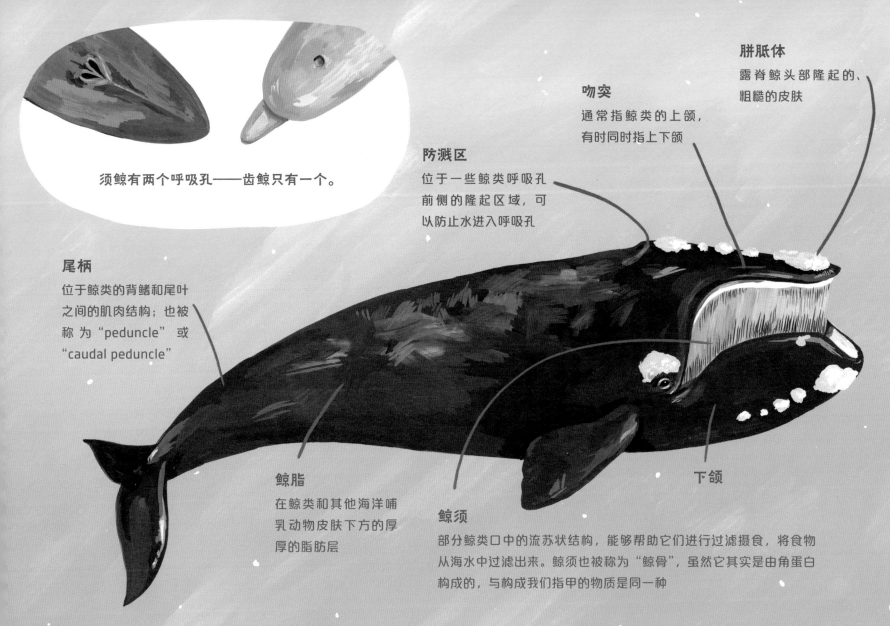

须鲸有两个呼吸孔——齿鲸只有一个。

胼胝体

露脊鲸头部隆起的、粗糙的皮肤

吻突

通常指鲸类的上颌，有时同时指上下颌

防溅区

位于一些鲸类呼吸孔前侧的隆起区域，可以防止水进入呼吸孔

尾柄

位于鲸类的背鳍和尾叶之间的肌肉结构；也被称为"peduncle"或"caudal peduncle"

鲸脂

在鲸类和其他海洋哺乳动物皮肤下方的厚厚的脂肪层

鲸须

部分鲸类口中的流苏状结构，能够帮助它们进行过滤摄食，将食物从海水中过滤出来。鲸须也被称为"鲸骨"，虽然它其实是由角蛋白构成的，与构成我们指甲的物质是同一种

下颌

水面行为

人们最容易观察到的鲸类行为就是它们在水面上所表现出的行为。这些行为中，有一些有明确的功能性目的——例如"漂浮"这一行为，被认为是某些鲸类物种为了能够在水面上持续呼吸的同时进行休息的方法。还有一些水面行为则有多种目的，有些鲸类上下拍尾或是跃身击浪，是为了交流，或者是为了在游泳过程中加速，不过有时它们也只是为了娱乐才表现出这些行为。

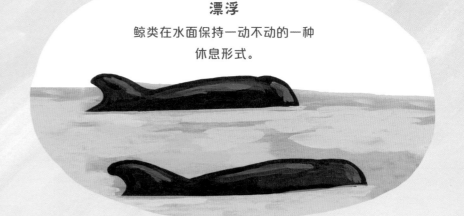

漂浮
鲸类在水面保持一动不动的一种
休息形式。

上下拍鳍
上下拍动鳍肢打在水面上，
也被称为"鳍肢拍水"。

豚跃
在游泳的时候跃出水面，
通常是为了提高速度。

浮窥
将头部冒出水面，通常是
为了观察周围环境。

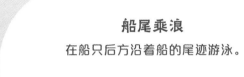

船尾乘浪

在船只后方沿着船的尾迹游泳。

船首乘浪

在船只前方的波浪中游泳。

跃身击浪

鲸类动物的身体部分或者完全跃出水面（当鲸向上跃出，在水面上只露出部分身体的行为有时也称为"lunge"或者"surge"）。

上下拍尾

上下拍动尾叶打在水面上，也被称为"尾叶拍水"。

喷潮

由于鲸类是呼吸空气的哺乳动物，因此它们必须周期性地游到水面上呼吸新鲜空气。每当大型鲸类到水面上呼吸的时候，它们会先喷出一段气柱——这是一种可见的水蒸气喷雾。不同物种的喷潮差异很大，喷气柱的形状、大小和角度都有助于我们识别海上的鲸类物种。而且由于鲸在浮出水面和潜水之前都会喷气，因此喷潮对于寻找鲸的观鲸者来说是个有用的提示，看到喷潮就意味着有鲸要出现了，而且鲸还可能会露出它的尾叶。

鲸虹！
如果鲸类喷气的时候光线正好合适，那么你会看到喷潮产生的彩虹。

灰鲸的喷潮细密，从正面看的时候喷气柱像是个"V"字形。

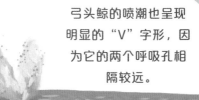

弓头鲸的喷潮也呈现明显的"V"字形，因为它的两个呼吸孔相隔较远。

大翅鲸的喷潮更宽、更细密。

蓝鲸的喷潮直直向上，可以超过30英尺*高。

抹香鲸的呼吸孔位于头部偏左侧，因此它的喷潮是斜向前且偏头部左侧的。

*1英尺 ≈ 0.3米。

尾叶行为

"尾叶行为"指的是鲸类在下潜之前将它的尾叶抬出水面的行为。一些鲸类会把它们的尾叶全部抬出水面，另一些只抬起尾叶的一部分，还有一些则在下潜之前完全不将尾叶抬出水面。此外，不同的物种尾叶的形状各不相同；尾叶的形状和尾叶行为的表现可以帮助观鲸者识别出现在海上的鲸类物种。

灰鲸的尾叶

蓝鲸的尾叶

瓶鼻鲸的尾叶

一头鲸在结束水面呼吸以后进行的第一个深潜行为，
被称为"探深潜水"。

海滩磨蹭

有的鲸类游到靠近海岸或是浅滩的地方，会用身体摩擦沙质或是卵石质海底的表面。海滩磨蹭对某些鲸类来说是一种社交活动。人们曾经记录过生活在北极的白鲸，它们会长途跋涉数百英里 *，来到有特别合适的卵石底质的淡水河口，在那里它们会聚集在一起，通过海滩磨蹭的行为来清洁自己，去除身上的死皮。

*1 英里 ≈ 1.6 千米。

搁浅

鲸类（鲸、海豚或鼠海豚）来到陆地上的行为被称为"搁浅"。在世界上的某些地方，包括美国，触摸搁浅的鲸、海豚或鼠海豚是违法的。它们必须由被授权的专业人员进行急救。在其他地方，鲸类搁浅之处可能被视为神圣的场所：例如，对于新西兰的毛利人来说，鲸类是神圣的，不过毛利人和新西兰政府之间签订了条约，条约允许毛利人以传统的方法采集搁浅死鲸的身体组织和其他资源。

相比于须鲸，齿鲸更容易搁浅，而且有些物种比其他物种搁浅的可能性更高。最容易搁浅的鲸类当属领航鲸，领航鲸是高度社会化的物种，容易成群结队地搁浅，一次同时搁浅数百头领航鲸的案例并不罕见。

人们对鲸类个体和群体搁浅的原因还未完全了解，但是这或许与天气、疾病、鲸类在航行中的磁场作用，或是某些其他因素有关。

分布

世界上有五大洋，它们分别是：北冰洋、大西洋、印度洋、南大洋、太平洋。这些大洋的各个角落，几乎都能找到鲸类的身影，从开阔大洋的深处，到海岸线周围，从极区到热带。这里有一些用来描述鲸类物种分布的术语，以体现它们通常在海洋中出现的位置。

绕极分布
分布于北极或是南极周围的海域。弓头鲸，分布于北极，就是绕极分布的物种之一。

沿海分布
分布于海岸区域内外。阿根廷鼠海豚，只分布在南美洲的海岸，因此是沿海分布的物种之一。

全球性分布
或多或少分布于全世界。虎鲸就是全球性分布的物种之一。

远洋分布
分布于远离海岸的开阔大洋水域。柯氏喙鲸就是远洋分布的物种之一。

一些物种的分布范围很小，小得令人惊异，例如小头鼠海豚，它们只生活在加利福尼亚湾北部的一个小区域。还有一些物种的分布范围极大，例如大翅鲸，可以在摄食场和繁殖场之间横跨海洋，迁徙数千英里，而且会在它们的一生里往返迁徙许多次。

第 一 章

演 化

我们现在生活在**新生代（Cenozoic Era）**，它至今跨越了自白垩纪末期和恐龙灭绝以来的六千五百万年。当爬行动物恐龙主宰地球时，小型哺乳动物的确存在，但是它们还没有演化出很大的体形，大部分都是小而精悍的，那时的它们还不是顶级的掠食者。新生代的黎明和恐龙的灭绝为哺乳动物开辟了一个体形增大的发展空间，并且改变了整个格局。我们常常将早期的"哺乳动物时代"视为长毛猛犸象和剑齿虎的时代，事实上，那个时代不仅仅是陆地哺乳动物的时代——它也是**海洋哺乳动物**的时代，早期的鲸类祖先就是在那时开始演化的。

鲸类动物属于动物界、脊索动物门、哺乳纲。作为哺乳动物，它们是温血动物，胎生，并且用乳汁哺育后代。它们是地球上分布最广的哺乳动物群之一，既有物种生活在遥远的北方——北极圈，也有物种生活在遥远的南方——南极水域，此外，在世界上的其他大洋、较小的海、海湾、河流及其支流中，都能见到它们的身影。

这群庞大多样的海洋哺乳动物，都是同一早期哺乳动物祖先的后代。有一段时间，人们认为这些动物的共同祖先应该是长得像狼的中国中兽属（*Sinonyx*）的动物。如今人们认为鲸类是早期偶蹄类动物的后代，偶蹄类动物即属于偶蹄目的动物。现在的偶蹄类动物包括长颈鹿、鹿和猪等趾数为偶数的有蹄动物。偶蹄意味着它们身体的重量由第三趾和第四趾均匀承担。最早期的鲸类祖先出现在五千多万年以前。

瓦地阿希坦（鲸之谷）

瓦地阿希坦是阿拉伯语，意为"鲸之谷"。这是一个位于埃及的重要的古生物学遗址，这里有成百上千的、丰富多样的古鲸化石。现在，这里是一片沙漠，但它曾经是史前特提斯海的所在地，是原始的鲸类，例如**龙王鲸**和**矛齿鲸**的家。

帝王蜥蜴

"龙王鲸"的拉丁文（*Basilosaurus*）意为"帝王蜥蜴"，听起来不像是哺乳动物的名字，反而像是恐龙的。这是因为最初科学家们发现龙王鲸的遗骸时，将其误认为是一种爬行动物的骸骨。虽然我们现在已经知道了龙王鲸是鲸类的哺乳动物亲戚，但是龙王鲸属原本的学名（即拉丁文名）还是保留了下来。

17

早期的鲸类亲戚

虽然我们还没有鉴定出鲸类的直系祖先是什么动物，但是我们已经发现了许多被证明与鲸类具有亲缘关系的早期物种。已知与鲸类有亲缘关系的最早的动物是有后腿的（如巴基鲸）。当它们越来越适应水生生活时，它们的后肢变成了鳍肢（如矛齿鲸）。这些与鲸类有亲缘关系的早期动物被称为"古鲸"。

具有适应水生生活的特征，包括更好适应水下环境的听觉系统

巴基鲸

演化于大约 5200 万年前

印多霍斯兽

一种古代的哺乳动物，与鲸类是近亲

具有适应水生生活的特征，包括可以涉水的腿

具有适应水生生活的特征，包括完全的内部听觉系统，没有外耳

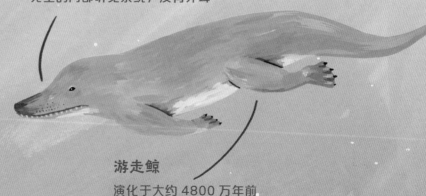

游走鲸

演化于大约 4800 万年前

库奇鲸
演化于大约
4600 万年前

具有适应水生生活的特征，包括鼻
孔移到了头部顶端，变成了呼吸孔

矛齿鲸
演化于大约 4000 万年前

具有适应水生生活的特征，包括后
肢变小，尾巴更强壮，有助于游泳

龙王鲸
演化于大约 4000 万年前

具有适应水生生活的特征，包括
后肢的功能消失，出现可能有助
于游泳的小尾叶

海洋巨兽

为什么现代鲸类的体形会长得如此巨大？它们又是如何变得这么大的呢？蓝鲸是最大的现代鲸类，也是地球上最大的动物。此外，它也被人们认为是地球上有史以来最大的动物，甚至比最大的恐龙体形都大。蓝鲸的最大体重有173吨。其他大型鲸类的体形都紧追蓝鲸之后，它们都可以与最大的恐龙的体形相提并论。

让我们把最大的鲸类的巨大体形放在右边的图中对比一下，最大的现代陆地哺乳动物是非洲草原象（*Loxodonta africana*）。海洋中最大的非鲸类物种是鲸鲨（*Rhincodon typus*）。鲸鲨是一种滤食性的软骨鱼类，其最大体长可达41英尺（约12.5米）。而蓝鲸使得鲸鲨的体长相形见绌，因为蓝鲸的体长是鲸鲨的最大体长的两倍多。

蓝鲸
最大体长 98 英尺（约 30 米）

秀尼鱼龙（已灭绝）
最大体长 49 英尺（约 15 米）

鲸鲨
最大体长 41 英尺（约 12.5 米）

抹香鲸
最大体长 67 英尺（约 20.4 米）

巨齿鲨（已灭绝）

最大体长 60 英尺（约 18 米）

大王鱿

最大体长 43 英尺（约 13 米）

大白鲨

最大体长 24 英尺（约 7 米）

迷惑龙（已灭绝）

最大体长 75 英尺（约 23 米）

非洲草原象

最大体长 20 英尺（约 6 米）

其他海洋哺乳动物

海洋哺乳动物生活在海洋和沿海的河口。人们一般将鲸类视为海洋哺乳动物，不过有一些鲸类能够生活，也的确生活在淡水中。鲸类并不是唯一能适应水中生活的哺乳动物，鳍脚类动物、海牛类动物、海獭和北极熊也生活在海洋中。

所有生活在水中的哺乳动物都是由生活在陆地上的哺乳动物演化来的。

海牛类动物

包含四个物种，其中有三种是海牛，另外一种是儒艮。

令人惊讶的是，与这些圆圆胖胖的食草动物亲缘关系最近的动物是大象，以及被称为"蹄兔"的毛茸茸的小型哺乳动物。

海牛类动物**适应海洋的表现**包括锥形和圆形的身体形状，能够减少游泳时遇到的阻力。

海獭

Enhydra lutris

海獭属于鼬科，鼬科下还包括水獭、獾、黄鼠狼、水貂等其他动物。然而，与它们的这些鼬科表亲不同的是，海獭适应了主要在海水中活动的生活方式。

海獭适应海洋的表现包括拥有所有哺乳动物当中最厚的毛，使它们的身体与它们生活的冷水环境隔绝。

鳍脚类动物、海牛类动物和海獭都同鲸类一样，通过上下弯曲它们的脊椎来游泳。

北极熊

Ursus maritimus

北极熊属于熊科，和海獭一样，北极熊所属的科并非全部由海洋哺乳动物组成。和其他的熊不同的是，北极熊适应并且也依赖于海洋内和海洋周边的生活。

北极熊**适应海洋的表现**包括具有巨大而略带蹼的脚，可帮助它们游泳和在薄薄的北极冰面上行走。

鳍脚类动物

共有三十三个物种，包括海狗（毛皮海狮）、海豹、海狮、海象等。

鳍脚类动物是猫、狗、熊和其他食肉目动物的亲戚。大部分鳍脚类动物喜欢生活在地球北端和南端较为寒冷的海域。

鳍脚类动物**适应海洋的表现**包括具有厚厚的脂肪，能够帮助它们在水中保持体温，还能储备能量。

新的发现与尚待揭露的秘密

我们一直在学习关于鲸类分类学和演化史的新知识。多年以来喙鲸对科学家来说都是一个谜，这是因为它们的栖息地在遥远的深海。一些喙鲸物种尚未在野外被确凿目击、鉴定，还有许多物种我们只能从被冲上海滩的尸体去认识和了解。虽然我们一直都在发现新的喙鲸物种，但目前，喙鲸在很大程度上仍是一个谜。

随着我们对鲸类研究的深入，加上人类的科技也继续在发展，毫无疑问，未来会有更多关于鲸类的发现。一想到有一些鲸类物种此刻正在海洋的深处游动，而它们尚待人类揭晓，进一步想到在我们的哺乳动物同胞的演化史上，有可能遗漏了某些至今未被发现的联系，就令人感到兴奋！

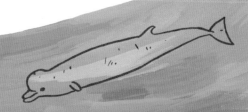

小露脊鲸之谜

小露脊鲸是另外一种在海洋里极为少见的神秘物种。它与另外一些须鲸——露脊鲸的名字相近，但是它的特征与露脊鲸差异很大。在人们研究小露脊鲸的大部分时间里，它的演化起源都是未知的。2012 年发表的一项研究结果认为，小露脊鲸实际上是长期以来被人们认为已经灭绝的鲸类中的一类，即新须鲸类（Cetotheres）的最后成员。

揭示历史的解剖学

从外观来看，鲸类的鳍肢看起来非常适合海洋哺乳动物的生活，它们有着光滑的桨状外形。然而从内部看，鲸类鳍肢的骨骼揭露了它们的演化史——鲸类仍然拥有从早期哺乳动物祖先那里遗传下来的独立指骨。

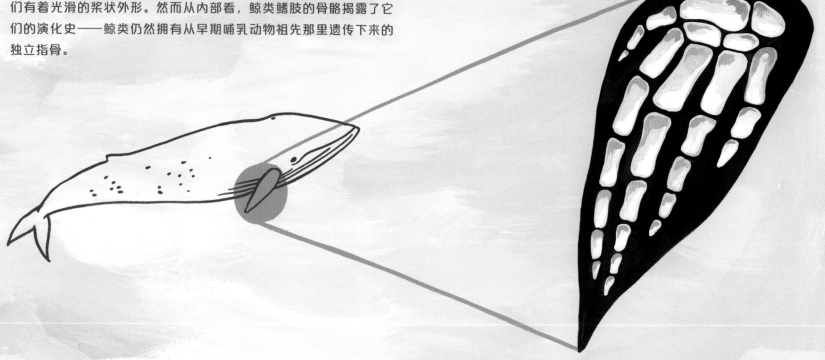

现代的鲸类亲戚

现在，在分类学里，鲸类动物被划分为偶蹄目动物的成员。鲸类没有蹄，但它们确实与现代偶蹄类动物一样，都是从共同的祖先演化而来，它们仍然保留着残存的腿骨——从活体的鲸或海豚身上，我们无法看见它们的腿骨，但我们可以从它们的骨架中找到。人们认为河马——半水生生活的偶蹄目成员——是与现代鲸类亲缘关系最近的动物。

最大的须鲸是蓝鲸，其最大体长可达 98 英尺
（约 30 米）。

最小的须鲸是小露脊鲸，体长
通常为 18 至 21 英尺（约 5.5 至
6.5 米）。

最大的齿鲸是抹香鲸，身体长度可达 67
英尺（约 20.4 米）。

最小的齿鲸是小头鼠海豚，只
有 5 英尺（约 1.5 米）长。

物种的分类方式一直在变化，特别是随着基因
科技的进步与完善。本章内容对鲸类物种的划
分并不属于权威性分类，而是对大多数被认为
属于鲸类支系的物种的一个整体概述。

第二章

物 种

现代鲸类被分为两个主要的类群：**须鲸**（Mysticeti）和**齿鲸**（Odontoceti）。

须鲸

须鲸这一类群包括小露脊鲸、露脊鲸、灰鲸和须鲸科的所有成员。所有的须鲸都有鲸须，这是一种特化的结构，排列在鲸的口腔内，鲸可以利用鲸须过滤海水，从而捕获猎物。在工业化规模的捕鲸时代，许多须鲸物种因为遭到人类的大量猎捕而受到威胁，那时，人类将须鲸的鲸脂作为能源，而将它们的鲸须用于制造各种各样的商业产品。今天，由于人们在保护工作方面的努力，一些物种的种群数量已经恢复了，但其他物种，例如北太平洋露脊鲸，仍然处于濒危状态。

鲸须

齿鲸

与须鲸不同，齿鲸没有鲸须，而有牙齿。它们往往比须鲸捕食的猎物更大，而且它们有一种特殊的适应能力，称为"回声定位"。回声定位能够帮助它们利用声音来捕猎和交流。海豚和鼠海豚都是齿鲸，从某种意义上来说，它们和体形比它们大的亲戚们一样是"鲸"。事实上，一些海豚科的成员，那些远洋型海豚，体形和一些小型的须鲸差不多大，甚至比它们更大。和须鲸一样，齿鲸也面临着人类猎捕所带来的威胁。

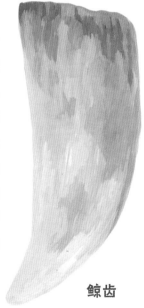

鲸齿

露脊鲸科 露脊鲸和弓头鲸

露脊鲸科的动物具有动物界最肥壮的体形。弓头鲸得名于其弓形的头骨；而其他三个物种的上颌也有明显的弧形。所有的露脊鲸科动物都没有背鳍。它们用鲸须来进行撇滤摄食，并且它们的鲸须是所有须鲸当中最长的。这些动物的鲸脂含量巨大，再加上它们拥有理想的鲸须，因此这些鲸类成了现代商业捕鲸的主要目标，这也使得如今露脊鲸科的许多种群都濒临灭绝。

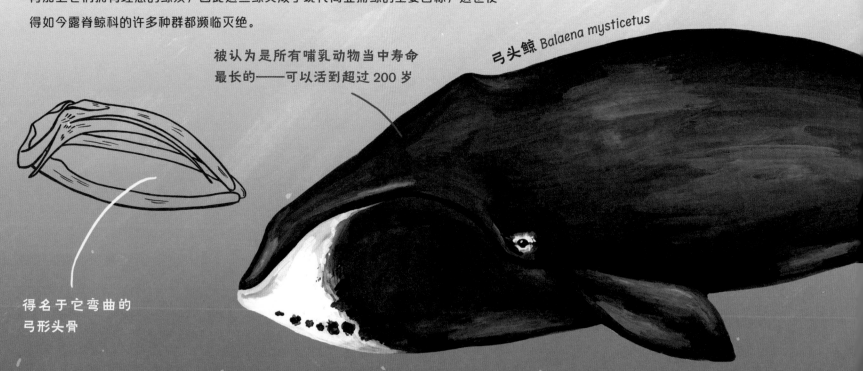

被认为是所有哺乳动物当中寿命最长的——可以活到超过 200 岁

弓头鲸 Balaena mysticetus

得名于它弯曲的弓形头骨

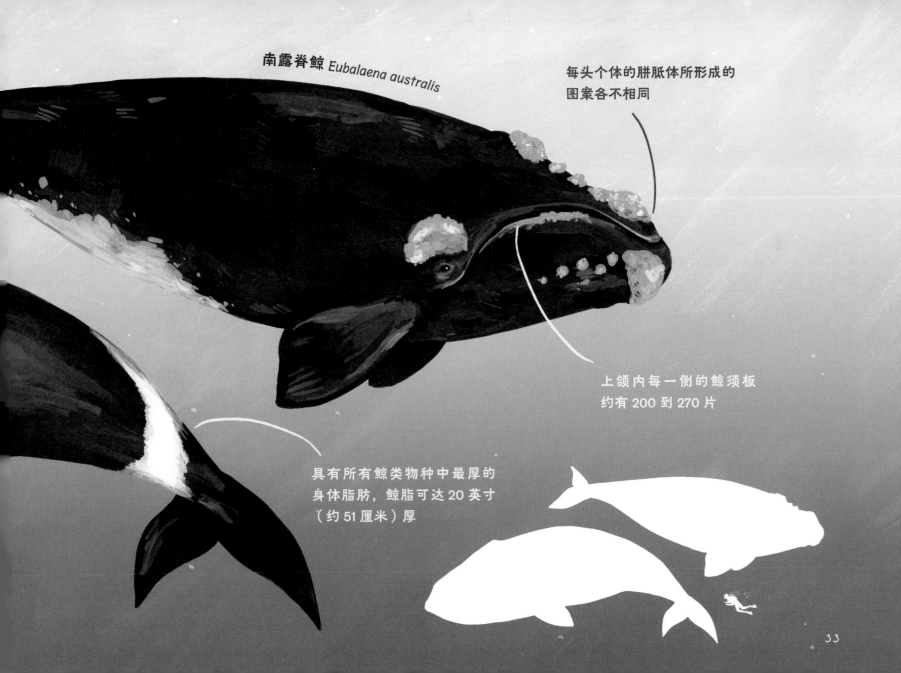

南露脊鲸 *Eubalaena australis*

每头个体的胼胝体所形成的
图案各不相同

上颌内每一侧的鲸须板
约有 200 到 270 片

具有所有鲸类物种中最厚的
身体脂肪，鲸脂可达 20 英寸
（约 51 厘米）厚

33

露脊鲸科　露脊鲸和弓头鲸

（续）

巨大的脑袋十分出名，大约有全身长度的三分之一

北太平洋露脊鲸 Eubalaena japonica

北大西洋露脊鲸 *Eubalaena glacialis*

全身体长最长可达
59英尺（约18米）

是最濒危的鲸类物种之一，
现存数量只有几百头

小露脊鲸 *Caperea marginata*

新须鲸科* 小露脊鲸

小露脊鲸之所以被称为"小露脊鲸"，是因为它具备和真正的露脊鲸相同的一些表面特征。但是在过去很多年里，它对科学家来说一直是个谜。过去人们曾认为新须鲸属的动物在几百万年前的上新世就都已经灭绝了，而最近的研究表明，小露脊鲸实际上是新须鲸属的最后一个存活物种。

* 译者注：虽然新的化石证据表明小露脊鲸很可能是新须鲸科 Cetotheriidae 下仅存的成员，但目前具有国际权威性的海洋哺乳动物学会（Society for Marine Mammalogy）列出的物种名录中仍旧将小露脊鲸科 Neobalaenidae 作为一个有效的分类单元保留。

须鲸科

须鲸科动物的英文名为"rorqual"。须鲸科动物有特殊的喉部褶沟，能够令喉部扩张，以吞入大量的海水，再通过鲸须将海水过滤，把猎物困在它们的嘴巴里。蓝鲸一次能吞入 2 万磅（约 9 吨）的食物和海水。由于商业捕鲸活动对鲸类的捕杀，许多须鲸科的物种资源面临被过度开发的状况。多亏了捕鲸禁令和其他的保护措施，一些物种，例如蓝鲸和大翅鲸，数量已大量恢复；而另一些鲸类物种，例如塞鲸，仍处于濒危的境地。

蓝鲸 *Balaenoptera musculus*

第二大的鲸类物种

地球上最大的动物

长长的褶沟令喉部能够扩张开，以困住尽可能多的猎物

舌头有一头大象那么重

长须鲸 *Balaenoptera physalus*

颌部两侧的颜色是不对称的，右侧是浅灰色的，而左侧是黑色的

37

须鲸科

（续）

以其线条流畅的外形和优雅
的游泳风格而闻名

须鲸科动物当中
体形最小的

小须鲸 *Balaenoptera acutorostrata*

鳍肢上有特别的
白色条带

塞鲸 *Balaenoptera borealis*

南极小须鲸 *Balaenoptera bonaerensis*

比小须鲸体形
稍微大点儿

须鲸科

（续）

布氏鲸 *Balaenoptera brydei*

沿着上颌有三条独特的脊，
这是鉴别布氏鲸的特征

成年个体的体长
最大可以长达 50
英尺（约 15.2 米）

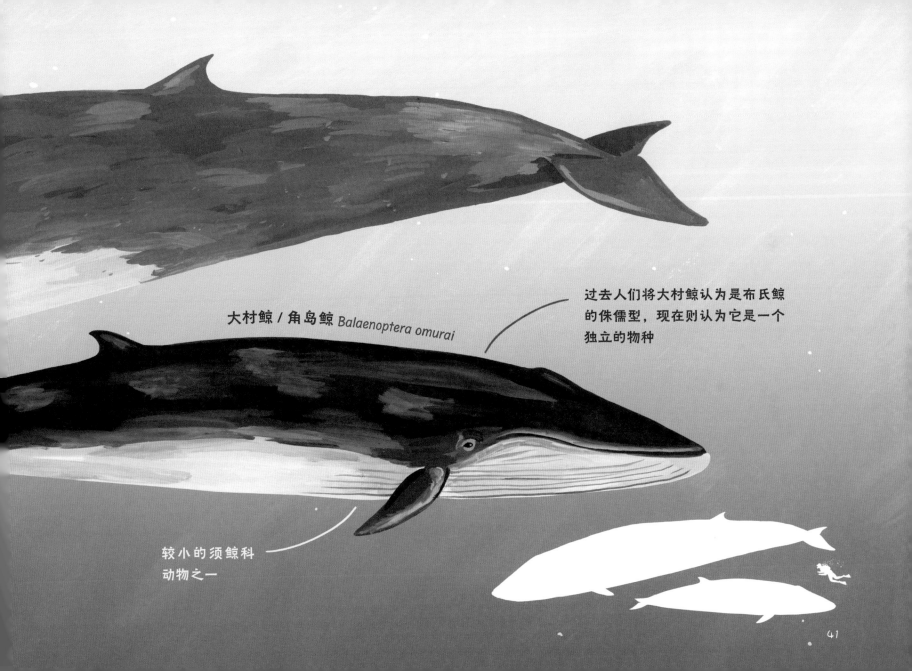

大村鲸 / 角岛鲸 *Balaenoptera omurai*

过去人们将大村鲸认为是布氏鲸的侏儒型，现在则认为它是一个独立的物种

较小的须鲸科动物之一

须鲸科

（续）

在所有的须鲸科物种中，除了大翅鲸属于大翅鲸属（*Megaptera*），其他成员都属于须鲸属（*Balaenoptera*）。大翅鲸被认为是大型鲸类里精力最充沛，也是技能最多样的。它们以善于跃身击浪、拍打鳍肢和甩动尾叶而广为人知。此外大翅鲸也是世界上迁徙距离最长的哺乳动物之一，它们在繁殖场和摄食场之间来回游动，总行程可达1万英里（约1.6万千米）或者更多。它们的鳍肢很独特，也很长，因此具有所有鲸类中最大的鳍肢-体长比。

又称"驼背鲸"（humpback whale），是因为背鳍前部有一块隆起的驼峰

大翅鲸 / 座头鲸 *Megaptera novaeangliae*

42

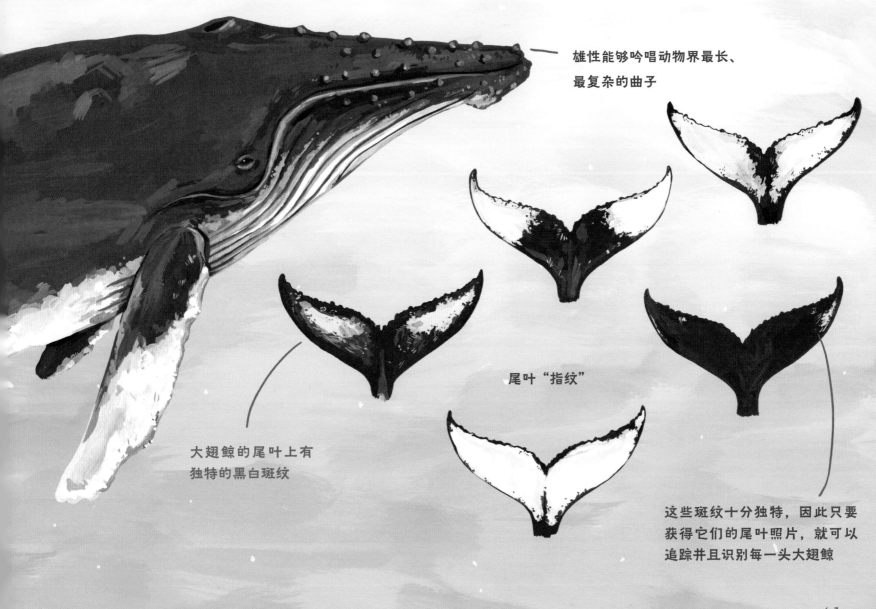

雄性能够吟唱动物界最长、
最复杂的曲子

尾叶"指纹"

大翅鲸的尾叶上有
独特的黑白斑纹

这些斑纹十分独特，因此只要
获得它们的尾叶照片，就可以
追踪并且识别每一头大翅鲸

43

灰鲸科 灰鲸

本科只包含一个物种：灰鲸。灰鲸的鲸须是所有须鲸当中最短的，被用来筛除灰鲸从海底吸入口中的沉积物。它们的迁徙距离可与大翅鲸匹敌——从繁殖场到摄食场，它们可能需要长途跋涉超过 1.2 万英里（约 1.9 万千米）。历史上，灰鲸有时被人们称为"恶魔鲸"，因为灰鲸妈妈对灰鲸宝宝有极度的保护欲，当捕鲸人来到灰鲸妈妈和宝宝之间时，灰鲸妈妈会疯狂地攻击捕鲸人，以保护自己的孩子。由于对灰鲸的保护措施落实到位，捕鲸活动减少后，灰鲸又开始信任人类了，现在的灰鲸常常对人类充满兴趣，也很友好。

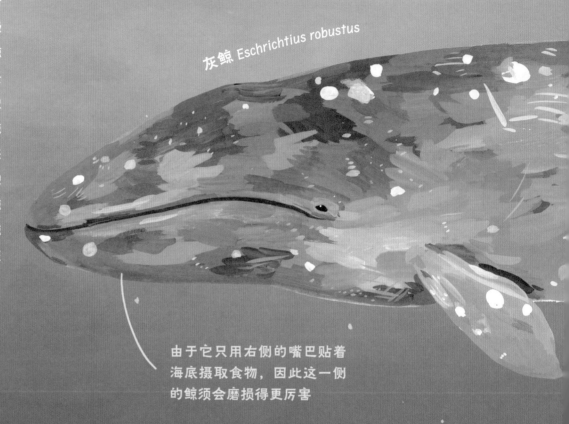

灰鲸 Eschrichtius robustus

由于它只用右侧的嘴巴贴着海底摄取食物，因此这一侧的鲸须会磨损得更厉害

灰鲸没有背鳍，背部后方
只有一个驼峰，驼峰后面
则是一列背部圆突

灰鲸的皮肤呈斑驳的
灰色，通常还有藤壶
和伤疤点缀其中

45

海豚科 远洋型海豚

海豚科是鲸类动物里成员最多的一科，包括了 30 多种生活在全世界海洋里的海豚。海豚科的动物通常比大部分鲸类体形小，尽管也有体形较大的物种，例如虎鲸。大部分海豚科的动物有背鳍，不同物种的背鳍形状有差异，有的高而尖，有的短而圆，有的呈钩状。一些海豚有明显的喙，而另一些海豚的喙较短，或者不明显。海豚科的许多物种都以大群体的形式生活。*

*译者注：根据海洋哺乳动物学会的新版名录，短吻真海豚和长吻真海豚现已合并为一个物种——真海豚（*Delphinus delphis*）。

短吻真海豚
Delphinus delphis

Delphinus capensis
长吻真海豚

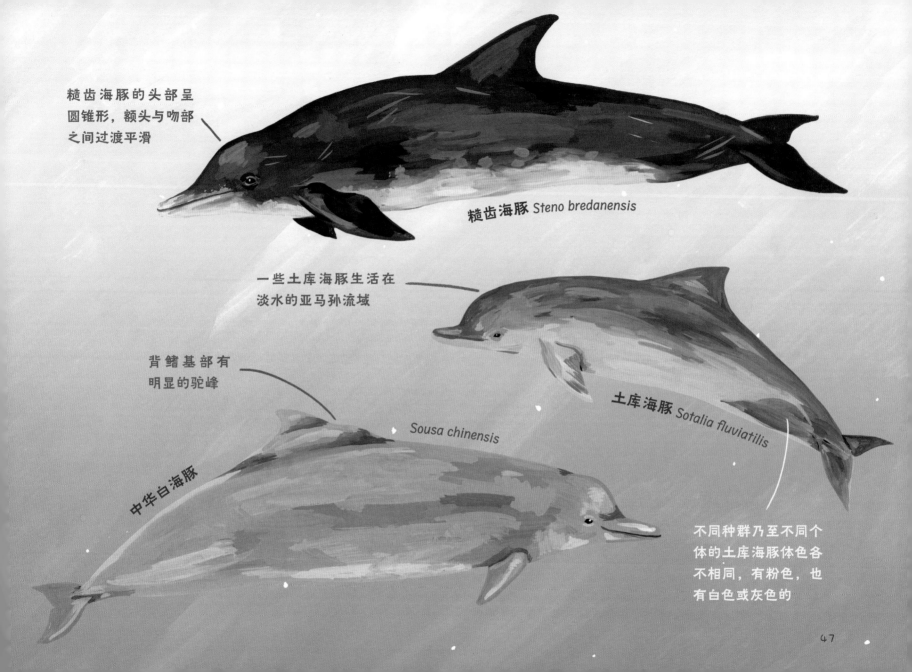

糙齿海豚的头部呈
圆锥形，额头与吻部
之间过渡平滑

糙齿海豚 *Steno bredanensis*

一些土库海豚生活在
淡水的亚马孙流域

背鳍基部有
明显的驼峰

土库海豚 *Sotalia fluviatilis*

Sousa chinensis

中华白海豚

不同种群乃至不同个
体的土库海豚体色各
不相同，有粉色，也
有白色或灰色的

47

海豚科 远洋型海豚

（续）

背部的颜色较深，好似披着"斗篷"一样

有时会同其他物种的海豚进行社交

热带点斑原海豚 *Stenella attenuata*

随着年龄增长，皮肤上的斑点越来越多

大西洋点斑原海豚 *Stenella frontalis*

长吻飞旋原海豚

Stenella longirostris

以高速跃出水面，身体在落回海里之前旋转

Stenella clymene

短吻飞旋原海豚

可以像长吻飞旋原海豚那样跳跃和旋转

条纹原海豚

Stenella coeruleoalba

具有特别的条带状斑纹

海豚科 远洋型海豚

（续）

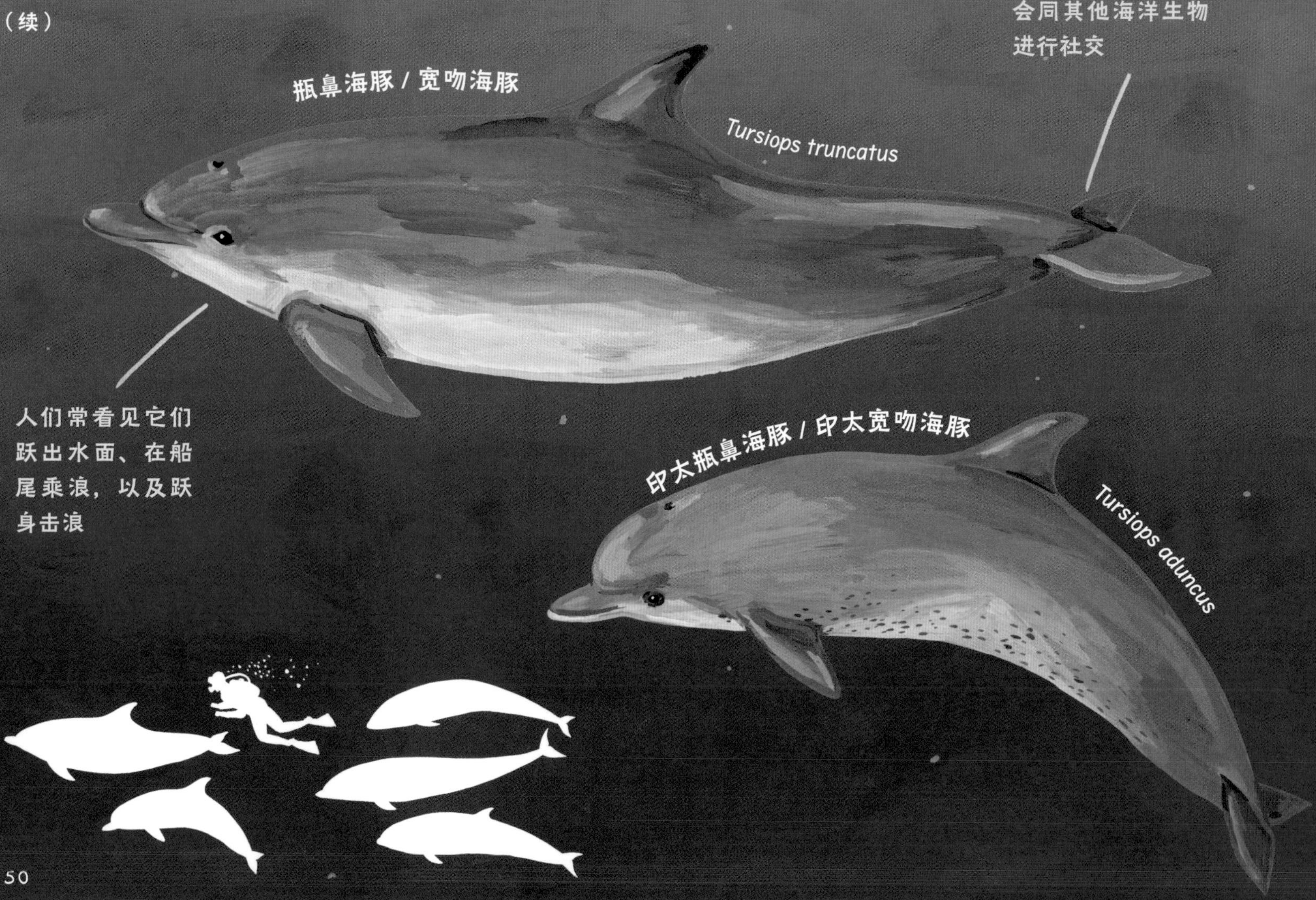

瓶鼻海豚 / 宽吻海豚

Tursiops truncatus

会同其他海洋生物
进行社交

人们常看见它们
跃出水面、在船
尾乘浪，以及跃
身击浪

印太瓶鼻海豚 / 印太宽吻海豚

Tursiops aduncus

南露脊海豚 Lissodelphis peronii

没有背鳍

身体呈流线型，
像鳗鱼一样。

北露脊海豚 Lissodelphis borealis

眼睛周围的深色
区域，好像强盗
打劫时戴的面具

弗氏海豚 Lagenodelphis hosei

海豚科 远洋型海豚

（续）

康氏矮海豚

圆锥形的头部，
没有明显的喙

Cephalorhynchus commersonii

杂技游泳运动员，会
在水下旋转，在船首
或船尾乘浪

智利矮海豚

也被称为"黑海豚"

Cephalorhynchus eutropia

海氏矮海豚

Cephalorhynchus heavisidii

有时会与瑞氏海豚或北露脊
海豚一起生活

赫氏矮海豚

Cephalorhynchus hectori

分布于非洲西南部的沿海海域

远洋型海豚当中体形最小的
一种

海豚科 远洋型海豚

（续）

一种特别会耍杂技的动物——它最喜欢的动作是跳出水面，在重返水中之前，以头尾轮番颠倒的姿态旋转

暗色斑纹海豚　*Lagenorhynchus obscurus*

太平洋斑纹海豚　*Lagenorhynchus obliquidens*

可由最多达 2000 头的个体聚集成群体

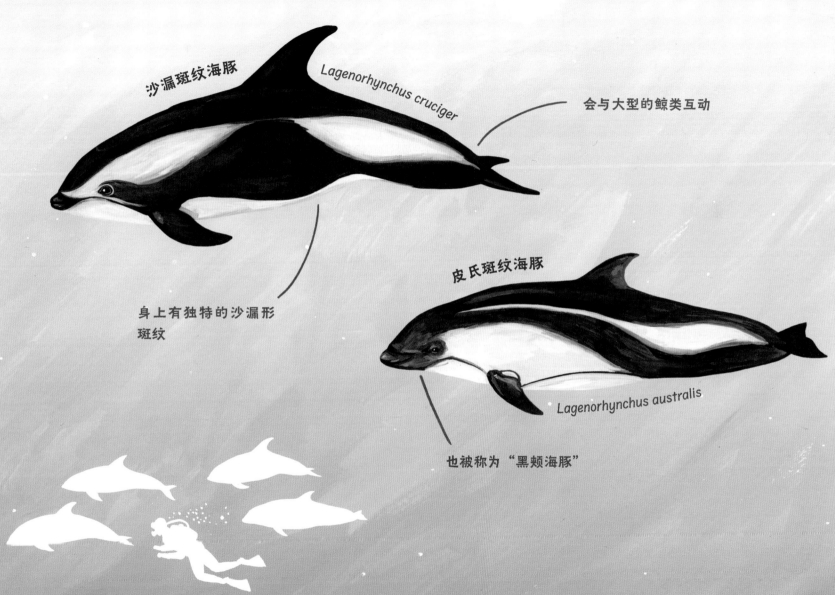

沙漏斑纹海豚

Lagenorhynchus cruciger

会与大型的鲸类互动

身上有独特的沙漏形斑纹

皮氏斑纹海豚

Lagenorhynchus australis

也被称为"黑颊海豚"

海豚科 远洋型海豚

（续）

伪虎鲸 Pseudorca crassidens

鳍肢短短的，看起来
像是弯折了

长肢领航鲸 Globicephala melas

这些体色黝黑的海豚连同虎鲸，
一起被称为"黑鲸"

这一物种最有可能
集体搁浅

Globicephala macrorhynchus

短肢领航鲸

主要吃鱿鱼

瓜头鲸 Peponocephala electra

这两种海豚是体形最小的黑鲸，有时很容易将它们二者混淆

小虎鲸 Feresa attenuata

海豚科 远洋型海豚

（续）

皮肤上有很深的伤痕，通常是由其他瑞氏海豚造成的

瑞氏海豚 / 里氏海豚

也被称为"灰海豚"

Grampus griseus

伊河海豚 / 伊洛瓦底海豚 *Orcaella brevirostris*

白喙斑纹海豚

尽管外观和虎鲸看起来差很多，却是虎鲸的近亲

大西洋斑纹海豚

Lagenorhynchus albirostris

Lagenorhynchus acutus

虽然被称为"白喙"海豚，事实上它的喙的颜色从白色到深灰色都有

人们常常看见它们和其他鲸豚待在一起

58

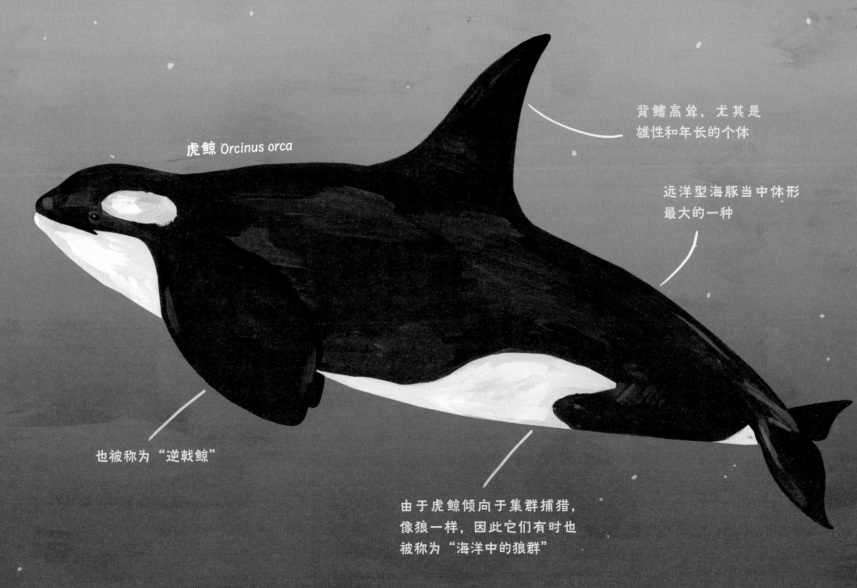

虎鲸 *Orcinus orca*

背鳍高耸，尤其是
雄性和年长的个体

远洋型海豚当中体形
最大的一种

也被称为"逆戟鲸"

由于虎鲸倾向于集群捕猎，
像狼一样，因此它们有时也
被称为"海洋中的狼群"

一角鲸科 北极的鲸

一角鲸科得名于一角鲸，而雄性的一角鲸头部有一根长牙，因此得名"一角"。在一角鲸科的拉丁文名"Monodont"中，"mono"意为"一"，"dont"意为"牙齿"。一角鲸科由两个物种组成，它们都只生活在北极，大部分时间都在海冰周围活动。白鲸刚出生时身体是灰色的，但随着年龄增长，它们的身体表面会变成独特的纯白色。

有时会吹哨子以表达愉悦的情绪

白鲸 *Delphinapterus leucas*

由于唱歌像鸟鸣，因此白鲸也被称为"海中金丝雀"

大群的白鲸聚集在浅海海域，通过在浅滩上摩擦身子来去掉身上的死皮——此时的浅滩就像一个巨大的白鲸护肤疗养中心

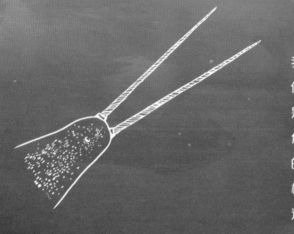

我们很难否认一角鲸的神秘感。一根长长的、螺旋状的长牙从雄性一角鲸的上唇伸出，令它们外表古怪，看起来像是神话里的生物。一角鲸的这一结构看起来像是某种角，但事实上它是由牙本质形成的长牙，与形成牙齿的原料相同。雌性一角鲸很少有凸出的长牙。罕见的是，有时雄性一角鲸可以长出两根长牙。中世纪的欧洲人认为他们从商人那里得到的一角鲸长牙是独角兽的角。不过，生活在北极地区的人们知道这些长牙的实际来源，而且他们有着猎捕一角鲸的悠久传统，这种传统一直延续到今天。

一角鲸 / 独角鲸 Monodon monoceros

尾叶两端的边缘有独特的突起

有着"海中独角兽"的昵称

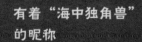

鼠海豚科 鼠海豚

鼠海豚有时也被称为"海猪"。"海猪"一词似乎有点儿贬义，但事实上十分适合鼠海豚——猪，和鲸类一样，是所有哺乳动物当中智商很高的。鼠海豚往往很害羞，通常生活在比海豚群更小的家庭群体中。鼠海豚科的所有物种都是"铲形齿"，它们的牙齿都是扁平的，像铲子一样，而海豚的牙齿一般是尖尖的、圆锥形的。

具有背鳍朝向角度低的特征

阿根廷鼠海豚 Phocoena spinipinnis

最小的，也是最濒危的鲸类物种

Phocoena sinus

小头鼠海豚 / 加湾鼠海豚

白腰鼠海豚

由于腰部有特殊的斑纹，因此有"海中大熊猫"的昵称

Phocoenoides dalli

是鼠海豚中游得最快的，也比其他任何的小型鲸类游得快

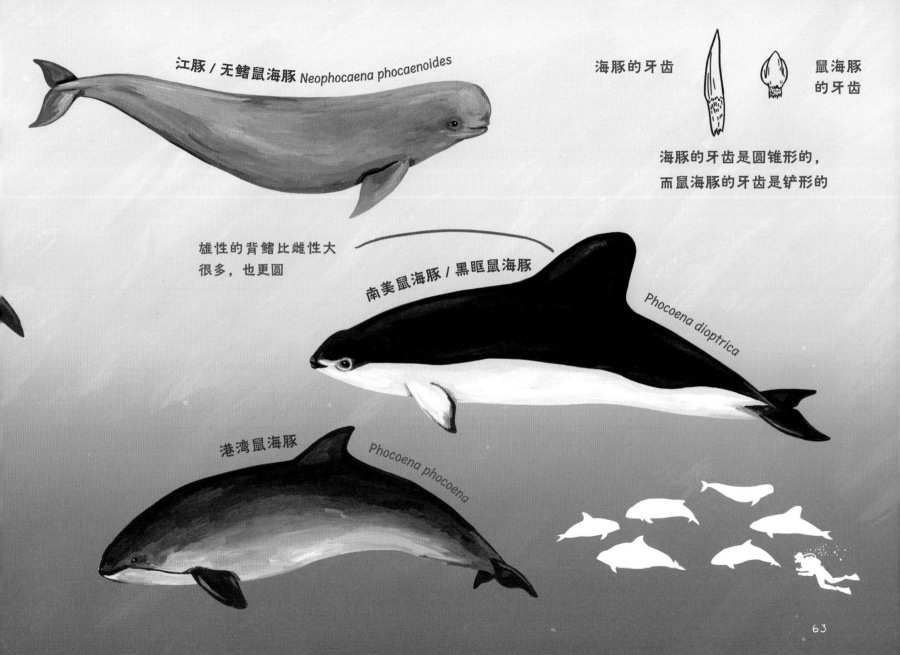

江豚 / 无鳍鼠海豚 Neophocaena phocaenoides

海豚的牙齿

鼠海豚的牙齿

海豚的牙齿是圆锥形的，而鼠海豚的牙齿是铲形的

雄性的背鳍比雌性大很多，也更圆

南美鼠海豚 / 黑眶鼠海豚

Phocoena dioptrica

港湾鼠海豚

Phocoena phocoena

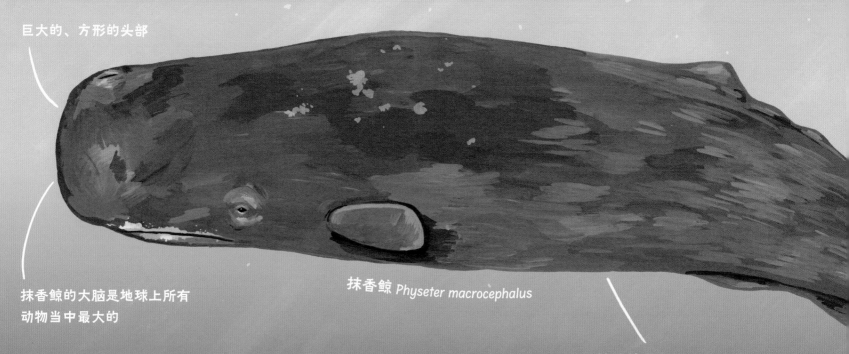

巨大的、方形的头部

抹香鲸的大脑是地球上所有
动物当中最大的

抹香鲸 *Physeter macrocephalus*

抹香鲸是世界上最大的，也是
有史以来最大的长着牙齿的捕
食者

抹香鲸科 抹香鲸

抹香鲸的英文名为"sperm whale"。这一名称来源于它头部装着鲸蜡油的器
官，这是这一物种和比它体形更小的同伴——小抹香鲸和侏抹香鲸特有的结构。
这个器官里面装有蜡质的液体，可以用来调节浮力和进行回声定位。抹香鲸十
分喜欢和同类互动，雌性抹香鲸会在其他抹香鲸妈妈下潜到海洋深处捕食的时
候帮忙照看抹香鲸宝宝。抹香鲸也被称为"巨头鲸""卡切拉特鲸"，是齿鲸当
中体形最大的物种，也是现代商业捕鲸的主要目标。目前这一物种仍然被列在
"易危"物种的名单里。

小抹香鲸科　小抹香鲸和侏抹香鲸

和抹香鲸一样，小抹香鲸科的动物都有一个位于头部偏左侧、角度倾斜的呼吸孔。人们曾经以为小抹香鲸科的这两个物种与抹香鲸的亲缘关系十分接近，事实上并非如此，不过这三个物种都喜欢生活在开阔大洋的深水区。它们的头部呈钝形，下颌悬挂在头部下，鳍肢呈桨状。小抹香鲸和侏抹香鲸有时会被误认作鲨鱼，因为它们体形、外观和它们的"假鳃"——那是位于它们眼睛后方的白色斑纹，乍一看好像鱼类的鳃——都令它们看起来像是鲨鱼。这两个物种有一个独特而古怪的防御机制：它们会从肠道中排出一种深褐色的液体，使海水变得浑浊，以迷惑它们的捕食者。

皱皱的皮肤

侏抹香鲸 *Kogia sima*

尖尖的背鳍，和真正的抹香鲸那圆圆的驼峰不一样

假的鳃印

小抹香鲸 *Kogia breviceps*

恒河豚科 恒河豚

恒河豚包括两个主要的亚种：恒河亚种和印度河亚种 *，分别分布在各自名称所提到的河流系统的内部和周围。这两个亚种的动物眼睛都非常小，缺少晶状体，使得它们的视力很差，基本看不见东西。它们主要靠回声定位而不是视觉来导航。这些河豚的体表颜色差异很大，有的呈深棕色，有的呈浅蓝色，还有的体表大部分呈灰色。

恒河豚 *Platanista gangetica*

昵称"盲豚"

即使闭上嘴巴，牙齿也会露出来

* 译者注：2021 年，这两个亚种被拆分为两个独立物种。

拉河豚科　拉河豚

大部分河豚只生活在淡水环境中，而拉河豚则出现在南美洲的东部沿海。拉河豚有时也被称为"弗朗西斯卡纳"（Franciscana），体形和其他的河豚差不多，十分害羞，在野外较为罕见。

喙的长度与身体长度之比是所有豚类中最大的，喙长占了总体长的接近 15%

拉河豚 / 拉普拉塔河豚

Pontoporia blainvillei

亚河豚 / 亚马孙河豚 *Inia geoffrensis*

上扬的嘴角令亚河豚看起来好似在微笑

亚河豚科　亚河豚

亚河豚因其雄性成年个体身体呈现鲜艳的粉色而远近闻名。这是所有河豚中体形最大的一种，当地民间传说认为亚河豚离开河流之后会变成人类的模样。

剑吻鲸科 喙鲸

喙鲸是当前所有鲸类当中最神秘的一类。直到最近，人们对许多喙鲸物种的认识还是通过对它们被冲上岸的尸体和骨架进行研究才了解的。鲸类的身体颜色在死后会很快发生变化，因此某些喙鲸物种的真正体色对人们来说还是未知的。人们还未发现某些喙鲸物种的活体，或是还未在海上目击过它们，而在未来，我们可能还会发现新的喙鲸物种，并为它们命名——这里只展示出 22 个喙鲸物种。不同物种的喙鲸，喙的大小不同，许多喙鲸还长着不寻常的牙齿。它们用回声定位来确定猎物的位置，然后用吸力捕食猎物，而不需要用牙齿咬住。这是一种特殊的适应方式，捕食的时候直接将鱿鱼和其他的生物吸进肚子里。

喙鲸中体形最大的

贝氏喙鲸 / 北槌鲸 *Berardius bairdii*

阿氏贝喙鲸 / 南槌鲸 *Berardius arnuxii*

喙鲸有"鳍肢袋"，即鳍肢后部的体表有凹陷，可以将鳍肢收折在凹陷处

潜入海中一次最长可达1小时

剑吻鲸科 喙鲸

（续）

生活在印度洋—太平洋
的深海里

朗氏喙鲸 / 印太喙鲸 *Indopacetus pacificus*

也被称为
"热带瓶鼻鲸"

独特的
球状前额

北瓶鼻鲸 *Hyperoodon ampullatus*

南瓶鼻鲸 *Hyperoodon planifrons*

皮肤的颜色多样，有
蓝灰色的，也有棕色
或黄色的

倘若同伴受伤，会守在同伴
身边而拒绝离开，因此很容
易被捕鲸人猎杀

剑吻鲸科 喙鲸

（续）

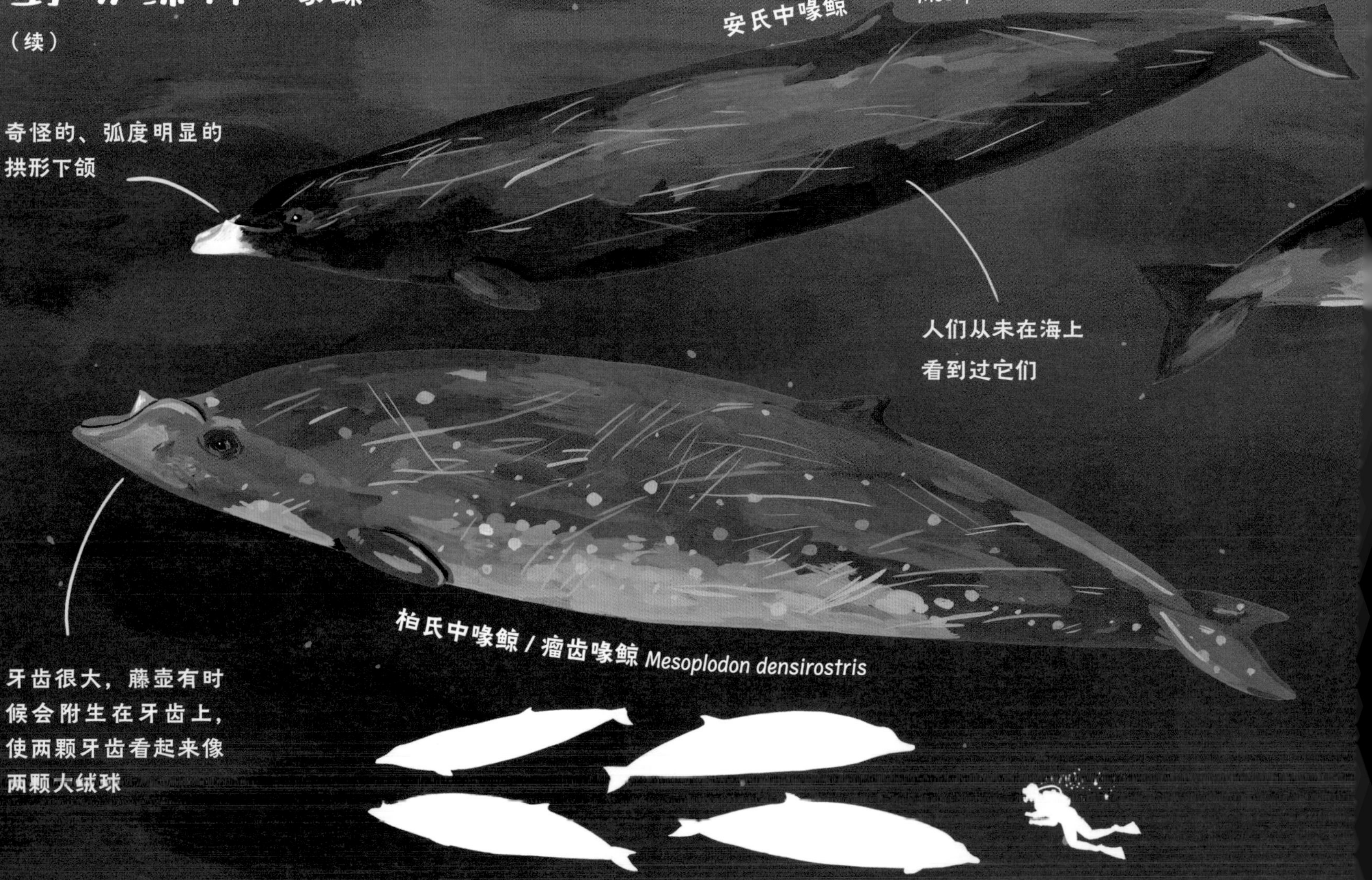

安氏中喙鲸　*Mesoplodon bowdoini*

奇怪的、弧度明显的
拱形下颌

人们从未在海上
看到过它们

柏氏中喙鲸 / 瘤齿喙鲸 *Mesoplodon densirostris*

牙齿很大，藤壶有时
候会附生在牙齿上，
使两颗牙齿看起来像
两颗大绒球

索氏中喙鲸 Mesoplodon bidens

雄性的牙齿外露，身上通常有明显的伤痕，看起来像是和其他雄性打斗时受伤而留下的

哈氏中喙鲸 Mesoplodon carlhubbsi

剑吻鲸科 喙鲸

（续）

也被称为 "歪嘴喙鲸"

赫氏中喙鲸 *Mesoplodon hectori*

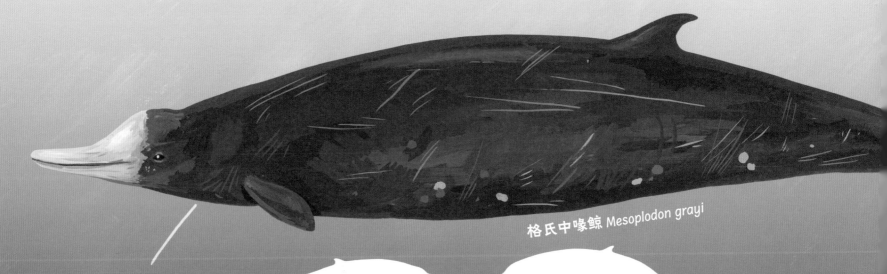

格氏中喙鲸 *Mesoplodon grayi*

喙既长又白，很好辨认，
在浮出水面之前会把喙抬
出水面

之所以称为"银杏齿"，
是因为雄性成年个体的牙
齿长得像银杏树的叶子

银杏齿中喙鲸 *Mesoplodon ginkgodens*

和许多其他的喙鲸一样，
尾叶上没有缺口

杰氏中喙鲸 *Mesoplodon europaeus*

剑吻鲸科 喙鲸

（续）

雄性个体外露的牙齿可以长
到1英尺（约30厘米）长，
由于太长了，因此雄性的嘴
巴被长牙限制住而无法完全
张开

长齿中喙鲸 / 莱氏中喙鲸

Mesoplodon layardii

人们从未在海上准确
识别过它，只见过搁
浅的个体

外观与赫氏中喙鲸相似

佩氏中喙鲸 *Mesoplodon perrini*

小中喙鲸 / 秘鲁中喙鲸 Mesoplodon peruvianus

喙鲸中体形最小的

初氏中喙鲸 Mesoplodon mirus

雄性的牙齿恰好位于下颌的尖端

剑吻鲸科 喙鲸

（续）

Mesoplodon stejnegeri

史氏中喙鲸

也被称为
"剑齿中喙鲸"

霍氏中喙鲸 *Mesoplodon hotaula*

人们从未在海上
观察到这个物种

铲齿中喙鲸 *Mesoplodon traversii*

谢氏塔喙鲸 *Tasmacetus shepherdi*

柯氏喙鲸 / 鹅喙鲸 *Ziphius cavirostris*

是鲸类当中可下
潜深度最大的鲸

79

第三章

食 物

作为温血的（以及体形巨大的）哺乳动物，鲸类对能量的需求很高。因为它们一直在运动，每天都要燃烧大量的卡路里，所以需要大量的食物。

鲸类是食肉动物，也就是主要以其他动物为食的动物。齿鲸捕食的猎物有鱼类、头足类（例如鱿鱼）和甲壳类动物等。一些物种捕食更大的猎物——例如**虎鲸**，有的虎鲸以海豹和海狮等鳍脚类动物，甚至是其他鲸类为食（虎鲸的英文名直译为"杀手鲸"，这就是它们被称为"杀手鲸"的原因）。须鲸用它们的鲸须过滤食物，因此可以进食相对微小的猎物。体形庞大的**蓝鲸**主要以（相比其体形来说）非常小的甲壳类动物——磷虾为食；其他的须鲸，整体来说体形也很大，却也都进食相对其体形来说很小的猎物。

滤食动物

所有的须鲸都会运用某种方法过滤食物，但是不同物种滤食的方式各异。

灰鲸的用餐时间

灰鲸是底层滤食动物，它们主要以小型的底栖动物为食。它们会将身体的右侧转向海底，然后沿着海床游泳，一边游一边吸取沉积物，并将猎物过滤出来吃掉，因此常常在身后留下一条泥土的尾迹。因为它们习惯用右边的头部与海底摩擦，所以右侧的鲸须通常磨损得更厉害，而且右边的脸上也会留下伤疤。

底栖动物：
栖息在水体底部的动物

有些灰鲸是"左撇子"，习惯用左侧而不是右侧的头部与海底摩擦、摄食

露脊鲸的用餐时间

露脊鲸和弓头鲸是撇滤滤食动物。它们保持嘴巴张开的姿势，在水中向前游动，用它们巨大的鲸须将浮游动物困在嘴巴里，再轻易吞下。弓头鲸的头部可达其身体长度的三分之一，鲸须板也是所有须鲸当中最长的。它们强壮、坚实的尾叶有助于推动它们前进，对抗它们硕大的头部和鲸须产生的阻力。

滤食

鲸鲨、姥鲨和巨齿鲨都是滤食性的动物，它们和须鲸一样，将个体微小的猎物从海水当中过滤出来吞食，而不是去追捕更大的猎物。滤食的习性、巨大的体形、看起来温柔的举止，都令它们看起来更像鲸类（和一些掠食性的齿鲸相比，它们真的非常安静！）。

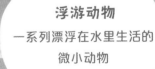

浮游动物

一系列漂浮在水里生活的微小动物

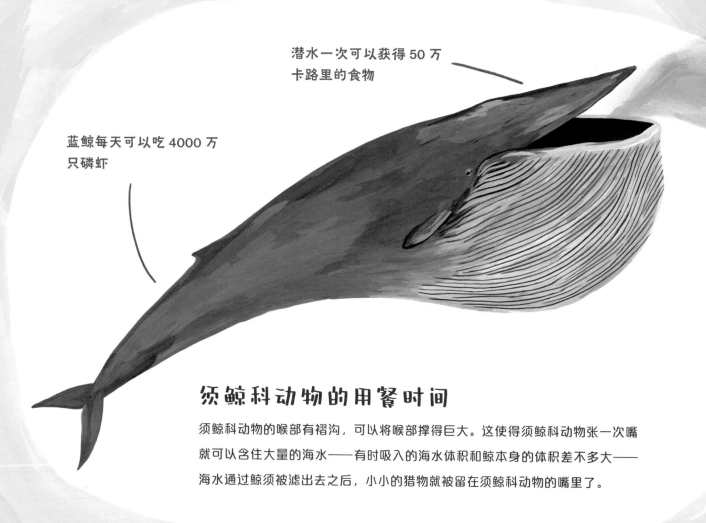

潜水一次可以获得50万
卡路里的食物

蓝鲸每天可以吃4000万
只磷虾

须鲸科动物的用餐时间

须鲸科动物的喉部有褶沟，可以将喉部撑得巨大。这使得须鲸科动物张一次嘴
就可以含住大量的海水——有时吸入的海水体积和鲸本身的体积差不多大——
海水通过鲸须被滤出去之后，小小的猎物就被留在须鲸科动物的嘴里了。

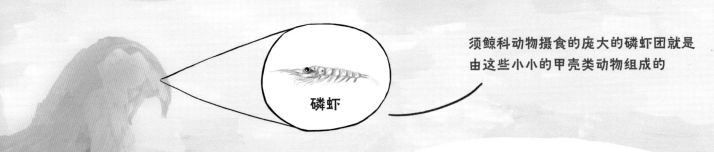

须鲸科动物摄食的庞大的磷虾团就是
由这些小小的甲壳类动物组成的

磷虾

"捡漏"的海鸟

由于鸟类和鲸类的食谱有许多重叠之处，因此海鸟常常聚集出现在鲸类觅食时的海面上（如果它们是潜鸟的话，还会出现在水下）。一旦某个地方出现了某些种类的鸟，那么对于观鲸的人们来说就意味着某种特定的鲸类也会在那个地方出现。例如瓣蹼鹬，就喜欢吃大量的磷虾——因此，海面上如果出现了一群瓣蹼鹬，就是这个区域可能也有蓝鲸的信号，它们正在摄取相同的食物资源。

大翅鲸喷气形成了密集的气泡墙，
用来迷惑它们的猎物

气泡网捕食法

大翅鲸有一种十分有名的捕猎技术，称为"气泡网捕食法"。在这一捕猎技术中，它们通过协同合作，一起将鱼群赶成一个紧密的"饵球"，以便捕食。这是一个绝妙的策略，因为小鱼经常紧紧地聚集在一起，作为抵御捕食者的防御机制，而大翅鲸则将这一机制转变为它们捕猎的优势。

气泡网捕食刚开始的时候，是由一头大翅鲸围绕着一群小鱼——鲱鱼或毛鳞鱼——开始喷气，形成一座气泡墙。当小鱼被气泡迷惑和惊吓时，其他大翅鲸会发出声音，帮助同伴协调行动，并进一步阻止小鱼逃离气泡网。一旦小鱼在靠近水面的地方充分聚集，大翅鲸们就会协调一致地冲到水面上捕食它们。

齿鲸如何进食

齿鲸进食的时候并不咀嚼；相反，它们会将猎物一口吞下。虽然被称为"齿鲸"，但不是所有的齿鲸物种都有很多牙齿。比如一角鲸，就只有一颗牙齿——它们的长牙，而且只有雄性一角鲸才有长牙，大多数雌性一角鲸没有具备功能性的牙齿。同样地，许多喙鲸物种中，也只有雄性有萌出的牙齿，这些牙齿更有可能用于雄性之间的打斗，而非进食。

喙鲸的喉部有少量褶沟，可以降低它们口中的压力，形成
一个短暂的真空环境，由此将猎物吸入口中

其他回声定位

蝙蝠，是会飞行的哺乳动物，所以也是鲸类的亲戚，还有金丝燕，一种鸟类，也会利用回声定位来找到它们的猎物。这些动物的回声定位技术是各自独立演化出来的。

回声定位

齿鲸有一种须鲸没有的特殊的适应能力，那就是回声定位。

在齿鲸的头部前端，有一个特化的器官，叫作"额隆"。额隆可以将声音向外投射到周围环境中。当回声被反弹回来，进入齿鲸的头部时，齿鲸就可以理解信息，并利用信息来导航和捕捉猎物。

白鲸的额隆

海豚的额隆

抹香鲸的额隆

鲸蜡油

抹香鲸头部有一个与其英文名相似的大结构，这个器官可以产生鲸蜡油，帮助抹香鲸传播回声定位用的声音。在商业捕鲸的高峰期，人们从死去的抹香鲸体内获取鲸蜡油，其制品十分受欢迎。

牧集猎物

齿鲸有许多将鱼群驱赶成理想的队形以方便猎捕的方法。真海豚可以通过制造气泡墙而将沙丁鱼聚集起来，这一方法和大翅鲸使用的气泡网捕食法相似。其他的猎捕策略还包括通过甩动尾叶惊吓鱼群的方法来牧集它们，或是追逐鱼群直至把它们逼到海滩等天然障碍物的角落，甚至是用回声定位的方法来追踪鱼群。

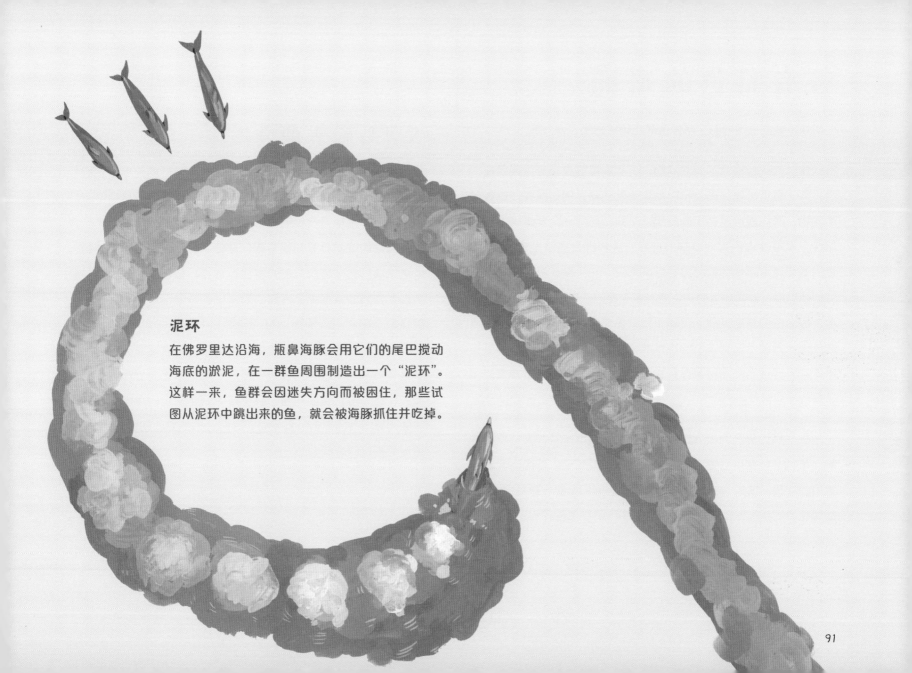

泥环

在佛罗里达沿海，瓶鼻海豚会用它们的尾巴搅动海底的淤泥，在一群鱼周围制造出一个"泥环"。这样一来，鱼群会因迷失方向而被困住，那些试图从泥环中跳出来的鱼，就会被海豚抓住并吃掉。

各有特色的猎捕

人们从齿鲸身上观察到了各种各样的猎捕方法。

不同族群的虎鲸捕食不同的猎物；一些族群的虎鲸专门捕食鱼类，另一些也捕食体形较小的海洋哺乳动物，例如海豚或鳍脚类动物。不同族群也有不同的猎捕策略，在同一个群体里代代相传，而不会传给其他族群的虎鲸。虎鲸群是高度个性化的，它们甚至经常用完全独特的语言来交流，每个群体都有各自独特的呼叫声、咔哒声和哨声。虎鲸又被称为"杀手鲸"，某些方面是因为它们猎捕其他动物的手段看似无情：它们通常只吃猎物体内一到两个营养丰富的内脏器官，而任由尸体剩下的部分漂走。人们认为鲸类都是温柔和平的巨人，而虎鲸的行为挑战了这一观点。

一角鲸是通过将猎物吸入口中来捕食的，然而最近，人们拍摄到了雄性一角鲸用它们的长牙击打猎物使其眩晕，从而更容易捕食的视频。过去，一角鲸长牙的用途对人们来说一直是个谜，而现在我们至少有证据说明长牙的其中一个作用是什么了。

人类与鲸类的合作

鲸类是极其聪明的生物，聪明的程度超乎我们的想象，它们能够发现在野外存活的新技巧和策略，并将这些知识传授给它们的后代。通过学习获得的知识会在鲸类之间代代相传，这与我们人类之间彼此分享知识有相似之处。此外，事实上鲸类和人类可以以一些非常有趣的方式进行合作。在巴西的拉古纳，渔夫在撒网的时候很难从浑浊的海水中判断抛下渔网捕捉鲻鱼的最佳地点和时机。而附近有一群瓶鼻海豚，在浑浊的海水中，它们仍然可以通过回声定位确定鱼所在的位置。这些瓶鼻海豚学会了将鲻鱼驱赶到海岸边，然后下潜，以此告诉海滩上的人类：现在鱼群已经够得着了，可以下网了。它们可能利用了人类撒网捕鱼时额外的混乱场景，这样一来惊慌的鲻鱼四处逃窜，更容易被它们捕获。

借助海绵

一些海豚在海底翻找食物的时候，会将海绵作为它们吻部的盖子，这或许是为了保护它们的喙，避免被岩石和其他海里的碎片划伤。人们认为这种借用海绵保护喙的技巧是通过海豚母亲教导自己的幼崽的形式代代传递下来的，而这一技巧的起源也许可以追溯到几百年前。

抹香鲸可以潜入海面以下
好几百米深的地方。

抹香鲸VS大王鱿

几百年来，水手间流传着一个说法，说是深海里生活着巨大的长着触手的海怪。在过去很长一段时间，人们并没有关于这种动物的官方记录，那时它的地位基本只属于传说中的一部分，直到人们猎捕到的抹香鲸揭示了这种水下巨兽存在的确凿证据。在被人们捕获的抹香鲸身上，经常有巨大的圆形伤疤，而且在抹香鲸的胃里，捕鲸人发现了神秘的喙——像是鸟类的钩状喙，但是要大得多。这些喙其实是大王鱿的喙，而抹香鲸是它们唯一的捕食者。

巨大的鱿与更为巨大的鲸之间的搏斗，是地球上两种动物之间最为壮观的力量对抗场景之一。

最终，人们发现了一些大王鱿的尸体，证实了这一物种的存在。现在人们甚至观察到了它们的活体。但直到今天，人们还未拍摄到抹香鲸与大王鱿之间史诗般的搏斗场面。

水手们将这种神秘的生物称为"克拉肯"（Kraken）。

鲸落

偶尔，当一头鲸死亡之后，它的尸体会落入海底，成为一种独特而复杂的生态系统的基础，这种生态系统被称为"鲸落"。鲸落生态系统在海洋很深很遥远的地方，因此直到 20 世纪 80 年代，人们才发现了它，开始研究它，这确实是一个惊人的科学发现。事实证明，鲸落是一些人类过去从未见过的物种的家园，鲸的尸体被不同的动物和细菌消化，为生活在海洋最深处的生物创造了一个特殊的生态系统，这种生态系统的存在可以持续几十年。

多毛虫   巨型端足虫

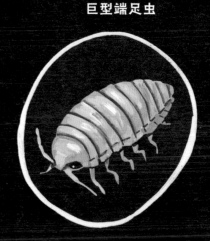

盲鳗

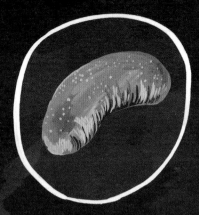

海参

铠甲虾

人们在鲸落里见到的其他
生物:
· 睡鲨
· 虾
· 蟹

小小的聚落

鲸类动物身上往往寄生（或者似寄生）了一整个生物种群。

鮣鱼

体形较小的海豚和鼠海豚也是寄生生物的目标。鮣鱼，一种硬骨鱼类，具有吸盘状的头部，能够令它们吸附在所有体形的鲸类身上，让鲸类在游泳过程中为鮣鱼提供保护。它们还吸附在许多大型动物（包括鲨鱼和海龟）身上。因为它们不会伤害被吸附的生物，所以严格意义上来说，鮣鱼并不是寄生生物。但它们可能会惹恼海豚，使得海豚试图把它们从自己的皮肤上刮下来。

鲸虱

鲸虱是小小的甲壳类动物，生活在部分鲸类动物身上。它们大量滋生于鲸类体表、它们能抓住的地方，包括皮肤、伤口和其他任何的开口。也许最值得注意的是，鲸虱会聚集在露脊鲸的胼胝体上。露脊鲸胼胝体的白色实际上就是由鲸虱和其他生活在上面的寄生虫聚集形成的。

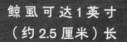

鲸虱可达1英寸
（约2.5厘米）长

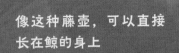

像这种藤壶，可以直接
长在鲸的身上

藤壶

藤壶是一类长期附着在固体表面的甲壳类
动物。鲸藤壶生活在鲸类的皮肤上。人们
认为某些鲸藤壶是对鲸类有害的寄生虫；
另一些则相对无害。它们出现的地方常有
鲸虱聚集。

第四章

栖息地

海洋覆盖了地球表面 70% 以上的面积,我们在所有的水域里都能找到鲸类,从温暖的热带水域、泥泞的淡水河流,到冰冷的极区水域。

鲸类动物栖息地的多样性证明了这些物种非凡的多样性。从身体结构适应于承受水下极端压力的深潜鲸类,到演化出极其灵活的身体以进行曲折航行的河流栖居鲸类,每种鲸类都以独特的方式适应着它们周围的环境。这凸显了这些珍贵的栖息地对鲸类生存有多么重要。在本章,我们将介绍一些鲸类的栖息地,而这些栖息地只是它们众多栖息地当中的很小一部分。

鲸类可以进行非常长距离的季节性迁徙,为了满足不同的需求,利用不同的栖息地,有些物种迁移的距离远比其他非人类的哺乳动物要长得多。例如许多大翅鲸,会在温暖的热带水域繁殖、生育幼崽,那里对新生儿来说是理想的环境,但是它们会季节性地迁徙到寒冷的极区水域,因为那儿的食物更丰富。

长牙相交

人们有时会观察到雄性一角鲸在海面上交叉长牙的场景；这种行为被称为"长牙相交"。在过去，人们认为这是一种具有攻击性的行为，但是现在的研究人员认为这是一种友好的社交行为。

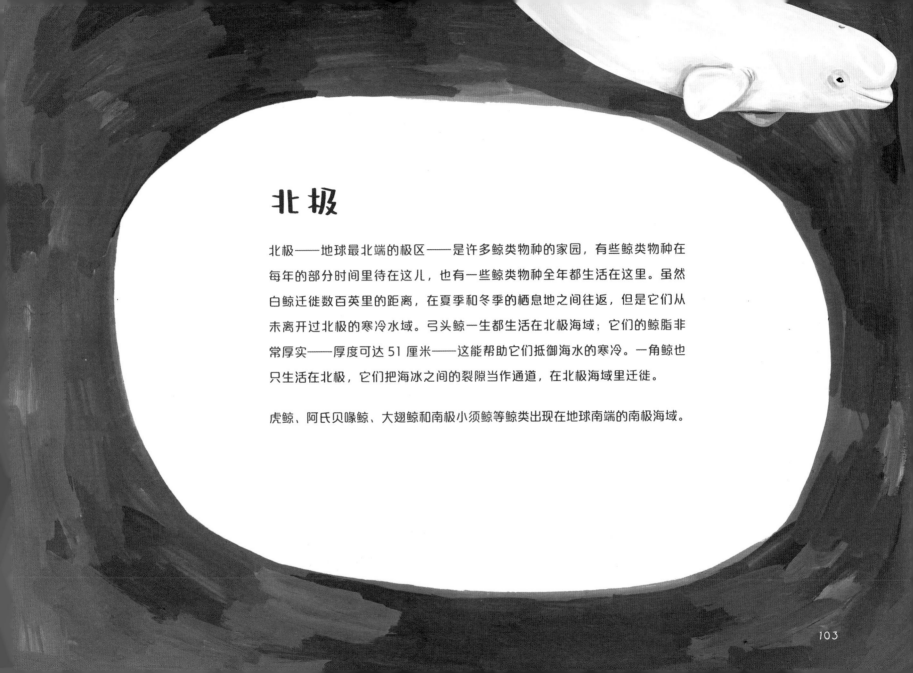

北极

北极——地球最北端的极区——是许多鲸类物种的家园，有些鲸类物种在每年的部分时间里待在这儿，也有一些鲸类物种全年都生活在这里。虽然白鲸迁徙数百英里的距离，在夏季和冬季的栖息地之间往返，但是它们从未离开过北极的寒冷水域。弓头鲸一生都生活在北极海域；它们的鲸脂非常厚实——厚度可达 51 厘米——这能帮助它们抵御海水的寒冷。一角鲸也只生活在北极，它们把海冰之间的裂隙当作通道，在北极海域里迁徙。

虎鲸、阿氏贝喙鲸、大翅鲸和南极小须鲸等鲸类出现在地球南端的南极海域。

海水酸化

尽管珊瑚礁只占据不到 1% 的海床面积，然而它们却是整个海洋中 25% 的海洋生物的家园。海水酸化是目前珊瑚礁所面临的主要威胁之一。随着地球大气层里的二氧化碳（CO_2）含量上升，海洋也吸收了更多的 CO_2，导致海水的酸碱度（pH）下降，海水酸性增强。这些情况令许多生物的外壳难以生长，也包括珊瑚（的骨骼），我们现在面临着失去许多重要的珊瑚礁的危险。

珊瑚礁

珊瑚礁分布于温暖的热带水域，是许多海洋生物的重要栖息地。有些人把珊瑚礁称为"海洋中的雨林"，因为它们所支撑的生物多样性丰富得令人难以想象。每当我们构想珊瑚礁的画面时，往往想到的是比较小的生命形式，例如珊瑚、海葵和色彩鲜艳的鱼类，然而珊瑚礁也是鲸类重要的觅食场。许多鲸类物种会造访澳大利亚的大堡礁，这是世界上最大的珊瑚礁生态系统。大翅鲸会将大堡礁当作繁殖场。海豚也经常出现在珊瑚礁生态系统的内外。

沿海地带

鼠海豚倾向于生活在海岸线附近的浅水海域，它们也因此更容易受到沿海渔业捕捞、污染和船只的负面影响。瓶鼻海豚是一种魅力四射的海豚，它通常生活在靠近海岸线的沿海海域。沿海的潟湖也是十分受鲸类欢迎的栖息地，墨西哥的圣伊格纳西奥潟湖长期以来都是灰鲸妈妈和灰鲸宝宝的冬季庇护所。在过去，捕鲸人大量捕杀了生活在潟湖里的灰鲸，而现在，多亏了保护工作的落实，这里的灰鲸数量已经恢复，目前圣伊格纳西奥潟湖以观鲸和生态旅游而闻名。

潜水深度最大的鲸类之所以能够下潜到如此极端的深度，
是因为它们的肺部能够在极高的压力中塌陷以适应环境。

开阔大洋

那些生命中大部分时间都在开阔大洋里度过的鲸类往往很神秘，因为它们的栖息地辽阔，而它们的分布广泛，所以人们很难观察到它们。例如喙鲸，剑吻鲸科家族的成员，几乎总是生活在大洋的深海区域。实际上，它们是动物界里下潜深度最大的动物之一。它们远离人烟的习性保护了它们，令它们在历史上免受人类的残害。它们一生的大部分时间都生活在海洋深处，人类难以企及。然而，当前气候变化给海洋带来的改变，将会给它们的生活带来影响。

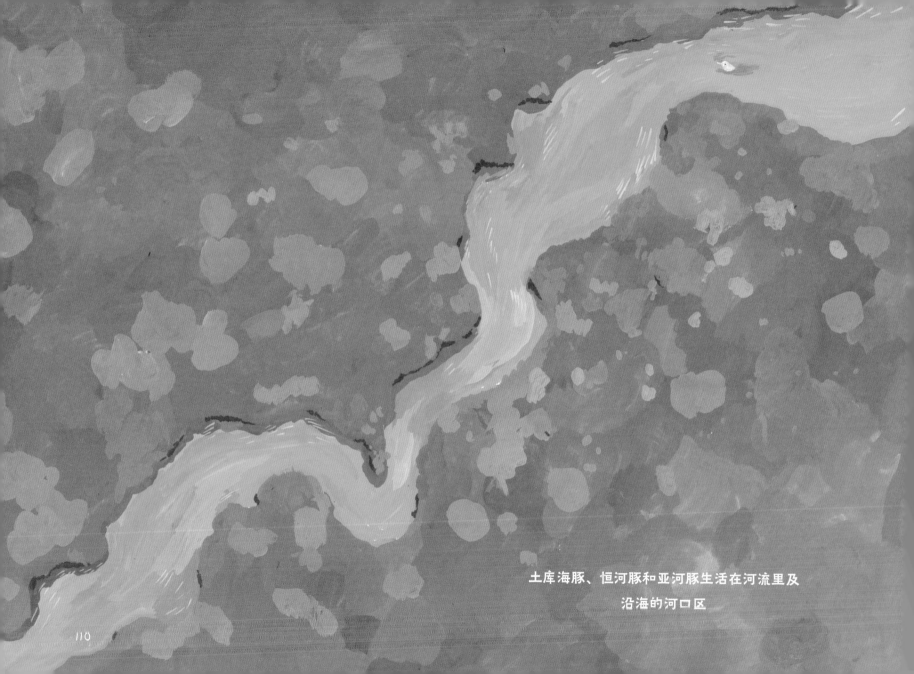

土库海豚、恒河豚和亚河豚生活在河流里及
沿海的河口区

河流

尽管大部分鲸类是真正的海洋动物，它们生命中的大部分或是全部时间都生活在海水中，然而有一些物种是生活在淡水里的。亚河豚，也被称为"粉红河豚"，生活在亚马孙河里，它们尤其适应在空间狭窄、限制较多的河流里活动。亚河豚的颈椎没有愈合，这意味着它们可以弯曲自己的脖子，也可以将自己的头部左右转动。如此，加上亚河豚有适应性良好的鳍肢，使得它们的身体比居住在海洋里的鲸类更加灵活，因此它们更容易在栖息地的浅水区域行动。

人们追踪了灰鲸 Varvara，
发现它迁徙的旅程极其漫长，
令人震惊。

迁徙

有些鲸类物种每年的任何时间，都待在一个小小的地理范围内活动，而有些广为人知的鲸类则能够进行动物界里最长距离的迁徙。通过安装在动物个体身上的追踪装置，以及利用照片记录对个体进行识别分析，科学家们能够研究许多物种的迁徙活动。许多大翅鲸会季节性地从高纬度的摄食场迁移到低纬度的繁殖场。很长一段时间以来，人们认为大翅鲸是迁徙距离最长的哺乳动物。但是2011年，一头名为"Varvara"的灰鲸打破了大翅鲸的迁徙纪录。科学家们在Varvara身上装了一个卫星信标，信标追踪记录显示，Varvara完成了一趟总路程将近14,000英里（约22,530千米）的往返迁徙。

第五章

家庭、生活和社会

鲸类动物有独特而复杂的社会生活，对于这些社会生活中的大部分内容，我们人类才刚刚开始了解。但是在近些年，我们对鲸类社会的内部运作越来越熟悉，它们精致、复杂而又令人着迷。

作为人类，我们倾向于认为我们有别于地球上的其他生命，并且凌驾于这些生命之上——我们具有批判性的思维、自由的意志，是有感情的生物，比其他任何物种都聪明。这种认为我们自身具有优越性的信仰被称为**"人类例外论"**。在某些方面这种信仰是说得通的。毕竟，我们这个物种的种群已经扩散到了地球的每个角落，我们的行为给地球上的所有生命体带来了十分广泛的影响。然而，当我们仔细观察鲸类的生活时，会发现人类例外论开始看起来有点儿荒谬。

我们所熟悉的生活片段在我们的鲸类表亲上也有所体现，它们会帮助照顾姐妹们的幼崽；它们会表现出看似利他主义的行为，这种行为甚至出现在不同物种间；它们会发明出新的猎捕方法，并将这些方法传递给下一代。我们对鲸类的了解越多，似乎就越能减少我们与它们之间的差异，自认人类是这个星球上唯一聪明且富有同情心的动物的这种想法也会逐渐消失。

交配

在一个繁殖季里，鲸类通常会与许多配偶进行交配。一些物种的求偶过程存在竞争。大翅鲸的求偶就是一场耗时极长的激烈竞赛——求偶过程中，多头雄性大翅鲸在水下共同追求一头雌性。雄性大翅鲸之间会相互猛扑，用尾叶猛击邻近的雄性，甚至见血。有时竞争会变得异常惨烈，导致有些雄性在求偶过程中被杀死。而有些物种则相对合作；一些雄性海豚会与其他雄性缔结友谊契约，在交配过程中相互留意，帮助确保没有其他竞争对手可以与特定的雌性海豚交配。

两性异型

"两性异型"指的是同一物种的雄性和雌性外观长得不相同的情况。这种情况通常与性选择有关——某物种对其配偶的某些特征有所偏好。许多鲸类存在两性异型的现象。例如抹香鲸，雄性的体重可以达到雌性体重的三倍，头部的方形特征也更加明显；许多雄性和雌性喙鲸的下颌轮廓和牙齿结构有所差异；雄性一角鲸头部有凸出的长牙，而雌性没有。

和雄性一角鲸不同的是，
雌性一角鲸通常没有长牙

雄性虎鲸背鳍
更大、更高

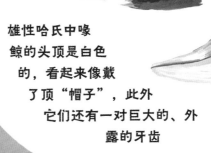

雄性哈氏中喙
鲸的头顶是白色
的，看起来像戴
了顶"帽子"，此外
它们还有一对巨大的、外
露的牙齿

妊娠、分娩和育幼

和其他高等的物种一样，鲸类出生前会在子宫里待上很长一段时间。这段时间就是母鲸的"妊娠期"。不同鲸类物种的妊娠期长度不一样，但是与其他大多数哺乳动物相比，鲸类的妊娠期总是很长。

鲸类一胎几乎总是只生一个宝宝。陆地哺乳动物在生宝宝的时候，宝宝的头部先出来，而鲸类的宝宝一般是尾部先出来，这样才能方便新生儿以理想的姿势进行出生后的第一次呼吸。在某些鲸类物种里，母鲸或是其他成年个体，会推一推刚出生的宝宝，帮助它们到水面上来呼吸。

所有的鲸类都会给自己的宝宝哺乳，这些乳汁比起陆地哺乳动物的乳汁要有营养得多，也包含了更多的脂肪。浓稠的乳汁更方便幼崽吸进口中，而不会在入口前流失、消散到周围的海水里。

鲸类幼崽可以跟在妈妈游泳产生的水流后面，这样一来它们在游动的过程中可以更省力，甚至还可以边游动边吃奶。

一角鲸的幼崽是没有长牙的，幼崽的肤色比它们父母的更灰、更均匀。

青春与未来

鲸类的幼年时期和母亲哺育它们的时间差不多一样长，一般是一年左右，也有一些物种的育幼时间更长。例如抹香鲸有可能哺育它们的幼崽数年的时间。当幼鲸不再需要母亲提供营养、可以独立觅食的时候，它们就算成年了。一些物种的成年个体会离开生养它的家族，自力更生，但是也有一些个体会留下来与它们的家族共同生活下去。判断鲸类真正成年与否，依据的是它们是否达到了性成熟阶段，当它们的身体已经性成熟，就能孕育新生命了。不同鲸类的性成熟年龄也是大有差异的。

抹香鲸的幼崽在很小的时候，不能潜入很深的海域。然而它们的母亲必须到深海里去觅食、补充营养，才能产生哺育后代的乳汁。抹香鲸妈妈会将它们的宝宝留在海面，交给抹香鲸群里的"保姆"照看。这些"保姆"往往是与抹香鲸妈妈有血缘关系的雌性成年抹香鲸。当抹香鲸妈妈潜入深海去进行必要的觅食活动时，"保姆"就会帮忙照看和保护这些幼崽。

歌曲与声音

除了许多鲸类捕猎过程中运用的重要的回声定位技巧，不少鲸类还会利用声音跟同类交流。一些鲸类会在深海里制造声音，而还有一些会在水体上方发出声音。声音可以促进鲸类的交配行为，帮助雌鲸和幼崽待在一起活动，甚至还能协调鲸群中每头个体的行为。

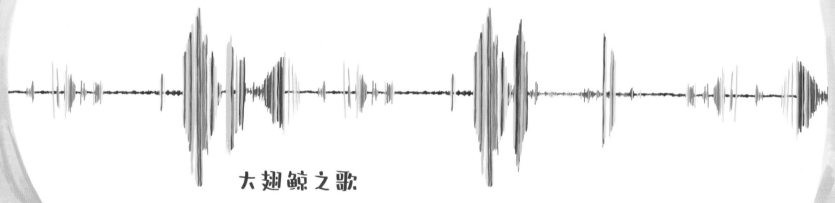

大翅鲸之歌

雄性大翅鲸吟唱的歌曲是动物界最长也是最复杂的歌曲。它们由一系列片段组成，有五到十五个乐句，大翅鲸会在数小时内重复吟唱这些乐句。大翅鲸能够通过吟唱它们的歌曲与数英里外的同类交流，不同种群的大翅鲸有不同的吟唱风格。目前我们还不能完全确定大翅鲸为什么要歌唱，不过这些歌曲或许在大翅鲸求偶和交配过程中有一定的作用。

白鲸的发声

作为声音最具特色的鲸类物种之一，白鲸会用各种各样的尖叫声、口哨声、啁啾声、呻吟声、咔哒声和其他声音交流。白鲸在很小的时候就学会用声音交流，它们还会用独特的声音与母亲交流。

蓝鲸具有穿透力的声音

蓝鲸发出的声音是所有动物发出的声音当中分贝最高的，在500英里（约805千米）外，都能够听到蓝鲸发出的具有穿透力的声音。

种间互动

人们常观察到跨物种的鲸类进行交流，例如不同物种的鲸类会共同旅行一段时间。然而大翅鲸尤为特别，它们因为对其他物种的鲸类表现出友好的行为而芳名远扬。人们曾经看到过大翅鲸与瓶鼻海豚一起玩耍，用头部将瓶鼻海豚抬出水面；还看到过大翅鲸保护灰鲸幼崽免受虎鲸的袭击。大翅鲸不只对鲸类动物友好，它们还会帮助海豹、海狮，甚至是大型的鱼类。人们曾经观察到一只威德尔海豹被几头虎鲸从海冰上撞到海里，而一头大翅鲸为了保护威德尔海豹免受虎鲸的攻击，反转背部，让海豹骑到自己肚子上，直至危险离去。

娱乐

鲸类不只是地球上的高智商动物，还十分喜欢嬉戏。海豚广为人知的部分原因就在于它们的休闲活动：它们通常将海藻或是其他海里的残片当作"玩具"玩耍，用嘴巴将这些"玩具"捡起来，到处扔；它们还会制造"泡泡圈"，和这些甜甜圈造型的空气一起玩耍。海豚还参与了自然界中少数几个有意使自己中毒的动物案例之一：人们观察到有些海豚似乎是刻意去咬河鲀，让河鲀释放少量的神经毒素，由此处于恍惚的状态。

睡眠

大部分哺乳动物的呼吸是机械而无意识的，而由于鲸类生活在水中，它们必须游到水面进行自主呼吸。这使得它们的睡眠方式变得复杂，不同鲸类的睡眠方式各不相同。许多鲸类物种每次睡觉只让它们一半的大脑进入睡眠模式，在一半大脑休息的时候，另一半大脑就会观察周遭环境，并提醒自己到水面上呼吸。之后再交换作息，让活跃的一半大脑进入睡眠模式。

抹香鲸睡得很少，但是人们曾经观察到抹香鲸以一种出人意料的方式睡觉——
它们曾经集体在海面以下几米的地方将身子竖起来休息。

第 六 章

人　类

人类与鲸类的关系源远流长、广为传播，民间传说、手稿、传统文化和艺术作品里都有它们的存在。长久以来，我们一直对这些生活在海洋里的哺乳动物同胞十分着迷，对于鲸类自身来说，这既有积极的一面，也有消极的一面。虽然最初一些人将鲸类视为神圣的资源，但是在 19 世纪商业捕鲸产业的高峰期，鲸类不幸地沦为被人类开发利用的受害者。谢天谢地，在 20 世纪中期，事态发生了变化，世界上许多地方对待鲸类的态度开始转变——从被视为可以滥用的资源转变为珍贵的、值得保护的动物。即使是现在，我们与这些水下同胞的关系还在演变，人类的行动给这些同胞带来了影响，尽管我们有时可能意识不到。每天，我们对这些美丽的生物都有更进一步的了解，我们了解到它们多么特别、多么重要，也了解到它们要生存下去，需要从我们这里获得什么，可是我们人类系统自身的改变是缓慢的。虽然我们实现鲸类保护的道路还很漫长，但是我们可以通过回顾过去、汲取教训，从而展望未来、做出改变。

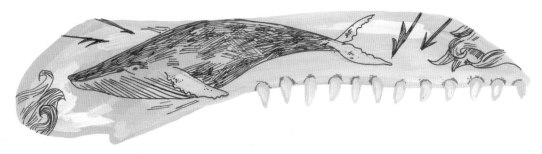

神话中的鲸

在人类历史长河的大部分时间，我们只能猜测鲸类的心理和生理活动。在历史上，人类即使能近距离瞥见游到水面上的鲸，那也是罕见、短暂而特殊的现象。因此，鲸类不可避免地成了那些意识到鲸类的存在，却对它们一无所知或仅仅略知一二的人们编撰神话和传说的素材（鲸类常常被误认为是海怪）。对某些其他的文化来说，海面上出现鲸类是常见的景象，鲸类甚至是人们熟悉的食物来源。一些航海文化和沿海文化通常具有悠久、丰富的讲故事传统，其中也有许多与鲸类有深刻联系的神话。

鲸与星座

星图上与鲸类有关的星座有海豚座（Delphinus），Delphinus 是海豚的拉丁文；还有鲸鱼座（Cetus），Cetus 是一种神话中的海怪。"Cetus"与"Cetacea"一词有相同的词源，在现代星图中，鲸鱼座常被描绘成一头鲸。

在一些古代钱币上还刻有海豚特色的图案。

塞德娜（SEDNA）

在因纽特人的神话传说中，女神塞德娜的手指被砍掉了；这些手指变成了海象、海豹、海狮和鲸。我们太阳系外围的一颗疑似的矮行星就是以塞德娜女神的名字命名的。

纳特斯莱恩（NATSILANE）

在特林吉特人的神话故事中，猎人纳特斯莱恩用木头刻了一只黑鲸，并将它扔到海里，木雕马上变成了一头活着的鲸鱼。

马鲸（HROSSHVALUR）

在冰岛神话中，马鲸是一头凶猛的鲸，它的头部是马的造型，拥有长长的红色鬃毛。

摩羯（MAKARA）

在印度神话中，海洋生物摩羯的形象有时被描绘成是上半身为山羊、下半身为海豚的动物。

白鱀公主

在中国神话传说中，白鱀豚（目前被认为已功能性灭绝）是由一位被抛入长江的公主变的。

派凯亚（PAIKEA）

在毛利传说中，毛利人的祖先派凯亚骑在一头鲸的背上来到了新西兰。

艺术和设计中的鲸

捕鲸人用鲸的牙齿、须和骨头所制作的雕刻作品被称为"牙雕"或"骨饰"。这项技术是他们在捕鲸船上发明出来的，在那里，水手们需要找点儿事情做来消磨时间，因此他们将手头的材料作为了打发时间的物品。因纽特人金谷图克（Kinguktuk）和其他人，将鲸须作为制作篮子的传统材料。将鲸须干燥处理之后再重新浸没于水中，鲸须就可以被切成条状，非常适合用来做精致的篮子。在毛利人社会，鲸骨雕刻是一种传统的"塔翁加"（毛利语），即文化宝藏。*

环境学家罗杰·佩恩在 1970 年录制并发行了一张专辑，名为《大翅鲸之歌》。这张专辑有时被认为有助于改变公众对待鲸类保护需求的态度。人们甚至将鲸吟唱的鲸歌送入了太空。当两架"旅行者号"飞船从地球被发射到太阳系外缘和更远的地方时，运载着一些不同寻常的物品：刻着字的金色留声机唱片，唱片里有来自世界各地的声音和歌曲。在众多声音——例如雷雨声、人声和蟋蟀的啁啾声中，还有一首大翅鲸吟唱的鲸歌。

赫尔曼·梅尔维尔的小说《莫比·迪克》，又名《白鲸》，以开场白"叫我伊什梅尔"而闻名。这部经典的美国小说讲述了一位捕鲸人，亚哈船长，被一头白色的抹香鲸咬断了腿，由此向它寻求报复的故事。故事中的白色抹香鲸的一部分灵感来自一条存在于现实生活中的白化抹香鲸，捕鲸人称其为"摩卡·迪克"，而亚哈长期坚定不移地追寻莫比·迪克的行为，使得英语中的"白鲸"（white whale）一词引申出了新的含义，用来描述某些总是遥不可及的东西。

* 编者注：属于《濒危野生动植物国际贸易公约》附录列明物种，国际性交易受到管制或禁止。

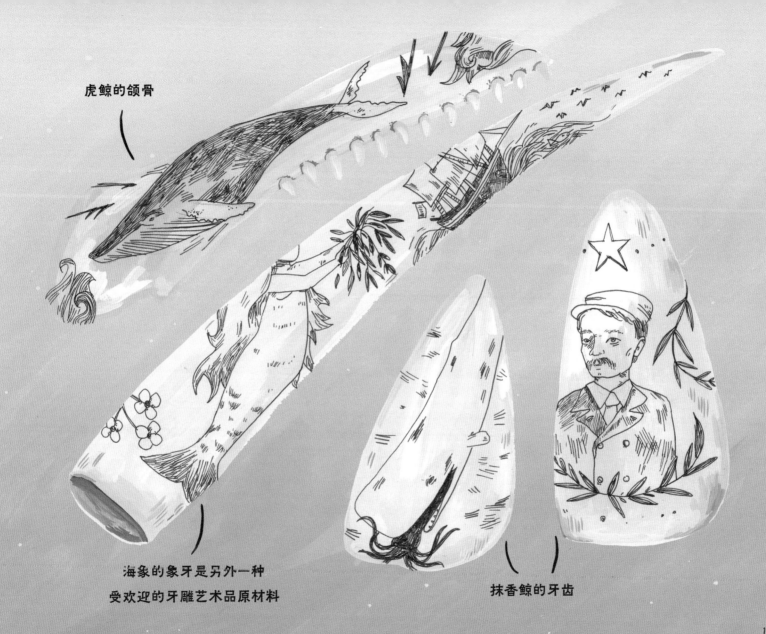

虎鲸的颌骨

海象的象牙是另外一种
受欢迎的牙雕艺术品原材料

抹香鲸的牙齿

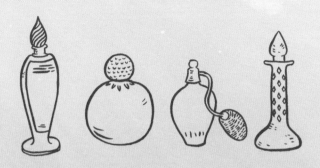

龙涎香

在一些抹香鲸的消化系统中，会产生一种难闻的蜡状物质，那就是龙涎香。人们认为龙涎香的功能是保护抹香鲸的消化道：当坚硬而锋利的物体，例如鱿鱼的喙经过抹香鲸的肠道时，这些物体会被龙涎香包裹，从而避免抹香鲸的肠道器官被划伤。抹香鲸既可以通过呕吐，也可以通过排便的方式将一块块的龙涎香排出体外，之后，这些蜡质的龙涎香就会漂浮在海面上。

虽然龙涎香的来源有点儿恶心，而且新鲜的龙涎香还有一股恶臭，但是龙涎香曾经是高端香水中广受欢迎且十分昂贵的成分。龙涎香能被抹香鲸自然地排出体外，因此采收龙涎香不会给抹香鲸造成伤害。但是因为抹香鲸是受保护的物种，所以龙涎香是受保护物种的副产品，在世界上的许多地方贩卖和使用它们都是违法的。在此前提下，合成香料的出现，也使得龙涎香在香水制造业大失宠爱。

龙涎香

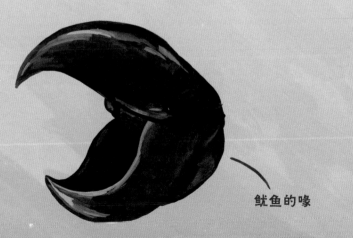

鱿鱼的喙

海中独角兽

中世纪和近代早期的欧洲人相信独角兽的角具有魔力，其魔力包括探知毒药并中和毒药的毒性，因此政治家们和一些著名人物都在追寻独角兽的角的存在。伊丽莎白女王一世曾经购买过一只"独角兽的角"，这件事广为人知，这只角其实是一头一角鲸的牙。当时，整个西欧的民众，甚至包括博物学家，都认为尽管独角兽数量稀少，但它们是真实存在的，不是神话中的生物。而只有探险家、商人，以及那些居住地与一角鲸生活环境相邻的人才了解其中的奥秘。那些认为一角鲸的长牙有神秘起源的人，从未见过甚至是从未听说过一角鲸，因此有这样的想法也是情有可原的。

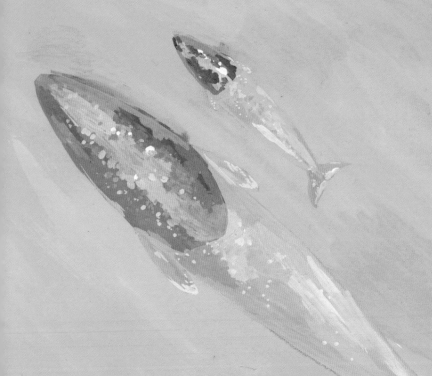

新型观测手段

对于人类来说，许多海洋生物的生活长期保持着一种神秘感。海洋广阔，鲸类的行为繁多，人们无法轻易地观察到它们。然而，技术总是在进步，人们总是在发明新的工具和方法。鲸类观测工作由于无人机的投入使用而变得振奋人心，因为无人机作为小巧且可远程控制的飞行器，体积和噪声都变得越来越小，技术的发展令无人机能够拍摄出高质量的照片和视频。因此，无人机能够以最小的干扰程度去追踪和观察自然栖息地中的鲸类（将飞机和直升机用于观察的话，噪声都太大了）。通常，鲸类可能都不知道它的头顶有一架无人机在飞行。

近年来，无人机影像捕捉到了许多令人难以置信的鲸类行为，为一些关于鲸类生活的理论提供了证据，也揭开了鲸类行为出人意料的面纱。这些影像不仅成为科学家研究海洋生物的绝佳新数据来源，也为我们这些羁绊于陆地的人类提供了一睹我们鲸类同胞的生活的机会，并为它们在海中的威严获得了一些赞赏。

狂奔的超级海豚群

海豚经常会聚集成一个由十几头个体组成的群体一同迁徙，但有时候，许多群体会集合起来，形成一个"超级大群"，宽度可达数英里。加利福尼亚海岸附近的无人机就观测到了这样狂奔的"超级海豚群"——成千上万头的真海豚共同向着一个方向跳跃移动。

一角鲸的长牙

一角鲸的长牙有什么作用？这个问题已经困扰了人们好几个世纪。只有雄性一角鲸才有凸出的长牙，因此这些牙的作用或许与演化目的有所关联，它们或许是雄性之间竞争交配权的工具。这与鹿相似，雌鹿倾向于选择鹿角更引人注目的雄鹿作为配偶。不过，这些长牙还有其他的作用吗？最近，无人机捕捉到了一角鲸用长牙捕食的影像。这些一角鲸用它们的长牙击打鱼类，将其拍晕，然后才将它们吸入口中。新的技术使我们发现了我们未曾知晓的一角鲸长牙的用途：用于猎捕。

冲刺捕食法

尽管我们许多年前就知道了冲刺捕食法的存在，然而我们还未以俯瞰的方式好好地观察过这种行为。现在，多亏有了无人机，我们收集到了多种须鲸科动物冲刺捕食磷虾团和浮游生物群的俯瞰视角的清晰影像。

捕鲸

猎捕鲸类动物的行为被简称为"捕鲸"。几个世纪以来，许多土著社会一直在猎捕鲸类，但是直到现代商业捕鲸的出现，人类才成为世界各地的鲸类物种的巨大威胁。

以捕鲸维持生计是全世界许多土著社会的重要组成部分。因此，自然保护主义者有时会指责土著文化给鲸类物种和种群带来了数量下降的危机。然而，土著文化中的捕鲸传统在世界上持续的时间比商业捕鲸时代的跨度还要长，商业捕鲸的持久危害却远远超过了土著群体捕鲸所造成的危害。商业捕鲸的规模太过庞大了，而且在商业捕鲸的过程中，捕鲸人完全不关心被开发的物种。国际捕鲸委员会（IWC）发布了"商业捕鲸禁令"，禁止在全球范围内以商业的名义猎捕所有鲸类，由此商业捕鲸行为近乎消失。然而，挪威、冰岛和日本国内仍然允许进行大规模捕鲸，许多鲸类物种因此面临受到危害的风险。

IWC 也管理着一些国家的土著群体的捕鲸活动。如今，大部分国家的捕鲸活动只允许捕鲸人在仅仅是自给自足的基础上捕鲸，且捕鲸人必须是当地土著。

是鱼还是哺乳动物呢？

我们现在已经知道了鲸类是哺乳动物，与我们有亲缘关系。但是在不久之前，人们还在激烈地争论它们到底是哺乳动物还是——鱼类。1818 年，一项针对鲸油法规的庭审裁决宣布，鲸这类生活在海洋中且没有脚的动物，一定是鱼。尽管那时科学家们已经将鲸类视为哺乳动物很多年了，但是当时的公众还未完全理解这一事实。或许我们潜意识里既想将这些鲸类视为经济资源，又不愿承认我们开采的对象是与我们有亲缘关系的动物吧。

鲸须和鲸油

在商业捕鲸的鼎盛时期，人们发现鲸须有无数的商业用途。当时，鲸须被称为"鲸骨"，事实上，鲸须是由角蛋白构成的。捕鲸人发现鲸须这种灵活而强韧的材料——在塑料未被发明之前——可能是除了鲸肉和鲸油的另一种可获益的商品。随着商业捕鲸的发展，鲸须的商业用途开始猛增，不过土著群体在很早以前就懂得将鲸须运用于传统的制作了，例如将鲸须用于编制篮筐。

鲸的记忆

一些现在活着的鲸的寿命长到足以经历过商业捕鲸的巅峰期。例如，弓头鲸的寿命可超过两百岁，或许它们还保留着捕鲸人猎捕它们的那段不那么遥远的记忆。

捕鲸还在继续

IWC 下属的一个小组委员会负责监督土著群体以维持生计为目的的捕鲸活动，它为土著群体设定了不同鲸类物种的个体数量的可捕获配额。

从捕鲸到观鲸

现在的船只出海寻找鲸类，更可能是为了组织观鲸旅游。如果你有机会参加观鲸旅游活动，那么你或许能亲自近距离地目睹这些大自然的巨兽。一定要提前做好攻略，并且与可信的机构合作——你的船长必须知道如何保持船只与鲸类之间的安全距离。如果船上恰好有一位博物学家，能够帮你识别出现的鲸类是什么物种，并且在观鲸沿途介绍背景知识，进行教学，那也很不错。

由于鲸、海豚和鼠海豚广泛生活在全世界的海洋中，因此我们几乎可以在靠近海水的任何地方进行观鲸活动。观鲸的最佳时机取决于观鲸所在地，以及当地鲸类的迁徙周期。全球有一些特别令人兴奋的观鲸地点，包括加拿大的芬迪湾，这里吸引了许多鲸类物种到来，包括濒危的北大西洋露脊鲸；墨西哥的下加利福尼亚，这里是许多灰鲸破纪录迁徙的目的地；以及格陵兰岛的迪斯科湾，这里有许多当地的鲸类物种，包括平日里难以见到的一角鲸。

观鲸的工具

这里罗列出了一些有助于观鲸的物品。

双筒望远镜

即使是在距离很近的地方，双筒望远镜也能帮助观鲸者更好地看清鲸的细节。

防水包、防风衣／雨衣、橡胶鞋

乘船旅行会打湿衣服。防水的服装能够使你避免被打湿，穿着橡胶底的鞋子能够帮助你在光滑的船甲板上站稳脚跟，不会打滑。

帽子和墨镜

开阔大洋上没有荫蔽处，因此要考虑采取额外的防晒措施来保护自己免受阳光的伤害。偏光太阳镜还有助于减少视野中的眩光，使人们更容易发现鲸。

最脆弱的物种

小头鼠海豚

在白鱀豚被宣布功能性灭绝之后，小头鼠海豚成了数量最稀少的鲸类。作为世界上体形最小的鲸类，小头鼠海豚当前正处在灭绝的边缘。2014年，它们的数量减少到了一百头左右，而在2017年，这一物种的数量只剩下大约三十头，多么稀少。小头鼠海豚只在墨西哥的加利福尼亚湾分布，它们所面临的主要威胁来自非法捕捞。刺网是小头鼠海豚生存的最大威胁，为了保护这种娇小的鼠海豚，2017年，墨西哥政府颁布了永久的刺网禁令，然而此时的小头鼠海豚数量已经极其稀少，一些自然保护主义者对此感到忧虑：要拯救这一物种恐怕为时已晚。

白鱀豚

原本在现代，还未有鲸类动物灭绝。然而在 2006 年，科学家们在长江进行了一次为期六周的白鱀豚搜寻调查，却一无所获，最后不得不宣布这一白鱀豚科下唯一的物种已经功能性灭绝。自那以后，仍未有人目击到活体的白鱀豚，这一物种很可能永远消失了。白鱀豚生存环境的工业化是导致它们灭绝的主要原因。长江里的渔船越来越多，长江的江水受到了污染，其中不仅包括化学污染，也包括噪声污染。白鱀豚是依赖于声音导航和交流的动物，噪声污染对它们的生存来说是致命的。

其他脆弱的物种

除了极度濒危的小头鼠海豚，国际自然及自然资源保护联盟（IUCN）还列出了七种濒危的鲸类，它们是：蓝鲸、长须鲸、塞鲸、北大西洋露脊鲸、北太平洋露脊鲸、恒河豚和赫氏矮海豚。还有一些物种被列为"近危"物种，意味着在不远的将来，它们有成为濒危物种的风险。

尽管在大部分国家，捕鲸已经由法令禁止，然而世界上还是有许多严重威胁鲸类生存的事物。渔业捕捞就会给鲸类造成威胁，这是因为在捕捞过程中鲸类有可能误入网具，而成为被"兼捕"的对象。大型运输船只可能会撞击鲸类而致其死亡，海水中的溢油漏油和其他有毒污染物会给所有海洋动物的健康带来不利影响。在鲸类频繁出现的场所，人口过多和人类对资源的过度利用也会给鲸类的健康和安全造成威胁；为了维持人类自身的生存平衡，人类活动不断地侵蚀鲸类生存的海洋空间。甚至是船只发出的噪声，对依赖回声定位生存的鲸类来说也是污染与危害。

最具潜在威胁同时也是最难以预测的，可能是人类活动造成的气候变化。上升的海水温度意味着许多极地鲸类生活的生态环境正在变化。大气层中的 CO_2 浓度升高引起海水酸化，导致许多鲸类动物的栖息地退化，并有可能损耗它们的食物来源。

被圈养的鲸

尽管现在世界上的动物园、水族馆、海洋主题公园和救助机构里圈养了一些鲸类物种，包括虎鲸、白鲸和瓶鼻海豚，然而大部分鲸类物种都无法被人类成功地圈养起来，这是因为它们的活动需要有足够远的距离和足够大的深度支撑。公众对于将鲸类圈养在室内环境这一现状的态度正在转变，尤其是对于那些意在娱乐观众的动物表演。人们越发认为鲸类是智慧而复杂的生物，它们需要也完全值得在野外环境生活，在那里茁壮成长，除了那些只能生活在救助机构里的少数受伤或生病了的个体。

结语

在过去几百年的时间里，许多鲸类物种遭受了重创，但是故事还没有结束。我们越来越意识到，鲸类所面临的困境是由人类造成的，我们也越来越清楚应当怎么帮助它们脱离困境。在捕鲸限制令和栖息地保护等保育措施的努力下，许多曾经因商业捕鲸而一度处于灭绝边缘的物种，其种群数量正在以令人惊异的速度恢复。我们能够永远地毁灭一个物种，我们也能够保护它们。地球是所有生命的家园，如果我们能时刻惦记这些海洋中的同胞，尊重它们在世界海洋和河流里的生活，它们的生命就能得以延续，持续繁衍生息。

如何帮助鲸类

我希望这本书能够激发读者对我们雄伟的鲸类同胞的欣赏和爱护之情。如果你想要改变这些物种的现状，这里有一些可做之事供你参考。

了解最新的信息

关注野生动物摄影师的工作动态，跟进了解保育新闻，将对海洋野生动物的密切观察纳入你的日常生活。

选择来源可靠的食物

保育行动是艰难的，我们无法总是将保育置于优先地位。如果你足够幸运，有资源也有时间检查和改变你的习惯，那么饮食习惯是一个良好的开端。如果你吃海鲜，请查询一下这些海鲜的产地，然后选择来源更环保的食物。在你购买食物的商店和餐厅，询问相关信息。蒙特雷湾水族馆发布了一份免费的海鲜观察名单，可以帮助你找到美国任何地方的最环保的海鲜，也列出了哪些海鲜你需要尽量避免购买。

发声

联系你们的组织（例如社区、学校）的代表，让你们的政府了解到保育对你们来说很重要。无论你是住在海洋保护区附近的海边，还是在远离任何水域的内陆，你的生活和你的社区都会对世界海洋有所影响。请表达出你对保护陆地和海洋野生环境的支持。

捐赠

如果你有能力，可以考虑为保护濒危鲸类动物的项目提供财政资助，例如世界自然基金会。或者是为你所在的当地学校和科学项目做点儿贡献，让更多的孩子有机会学到关于科学、保育和自然的知识，使他们成长为更负责任的一代人。

不要放弃

谈到环境保护主义，我们很容易有挫败感或感到失望，但是不要放弃斗争。现在是人类和自然发展的历史关键点，我们是时候尽力去帮助那些无法帮助自己的动物了。

资料来源

书籍

Alexander, Becky, ed. *Smithsonian Natural History: The Ultimate Visual Guide to Everything on Earth.* New York: DK Publishing, 2010.

The Animal Book: A Visual Encyclopedia of Life on Earth. New York: DK Children, 2013.

Berta, Annalisa. *Whales, Dolphins, & Porpoises: A Natural History and Species Guide.* Chicago: University of Chicago Press, 2015.

Burnett, D. Graham. *The Sounding of the Whale: Science and Cetaceans in the Twentieth Century.* Chicago: The University of Chicago Press, 2012.

Carwardine, Mark, and Martin Camm. *Whales, Dolphins and Porpoises.* New York: DK Publishing, 2002.

Carwardine, Mark, R. Ewan Fordyce, Peter Gill, and Erich Hoyt. *Whales, Dolphins, & Porpoises.* San Francisco:
Fog City Press, 1998.

Kolbert, Elizabeth. *The Sixth Extinction: An Unnatural History.* London: Bloomsbury, 2015.

Stewart, Brent S., Phillip J. Clapham, and James A. Powell. *National Audubon Society Field Guide to Marine Mammals of the World.* New York: A.A. Knopf, 2002.

纪录片

"沙滩宝贝"，《野生动物宝宝》。国家地理，2015。

"蓝鲸"，《最后一眼》。BBC 第 2 频道，2009。

"岬角"，《非洲》。BBC 自然历史频道，2013。

《大卫·爱登堡的自然奇趣》。BBC 全球，2013。

《海豚群里有间谍》。BBC 第 1 频道，2014。

《大翅鲸》。由格雷格·麦克吉利弗雷导演，2015。

Jane & Payne. Netflix，2016。

《自然大事记》。BBC 第 1 频道，2009。

《海洋巨兽》。BBC 第 1 频道，2011。

网页

美国自然历史博物馆，www.amnh.org。

加利福尼亚科学院，www.calacademy.org。

菲尔德博物馆，www.fieldmuseum.org。

国家地理，www.nationalgeographic.com。

致谢

感谢我的编辑，凯特琳·凯彻姆，以及设计师贝齐·斯特罗姆伯格，感谢他们在我编著这本书的时候进行专业的指导和支持。没有他们的帮助，我无法完成这项工作。此外，也感谢十速出版社的产品经理简·钦恩、设计师克里斯汀·因尼斯和出版商亚伦·韦纳。十分感谢加利福尼亚科学院的毛里安·弗兰纳里。也一如既往地感谢我的好丈夫尼克，我的父母杰夫和朱莉·奥赛德，以及丹妮和奥利维亚。

术语表

151

I

Indohyus 印多霍斯兽

Indo-Pacific bottlenose dolphin 印太瓶鼻海豚

Indo-Pacific humpbacked dolphin 印太驼背豚，即中华白海豚

Infancy 婴儿，婴儿期

Iniidae 亚河豚科

International Union for the Conservation of Nature (IUCN) 国际自然及自然资源保护联盟

International Whaling Commission (IWC) 国际捕鲸委员会

Interspecies interaction 种间互动

Irrawaddy dolphin 伊河海豚 / 伊洛瓦底海豚

J

Juvenile period 幼年期

K

Killer whale 虎鲸

Kogiidae 小抹香鲸科

Krill 磷虾

Kutchicetus 库奇鲸，库奇鲸属

L

La Plata dolphin 拉河豚 / 拉普拉塔河豚

Long-beaked common dolphin 长吻真海豚

Long-finned pilot whale 长肢领航鲸

Longman's beaked whale 朗氏喙鲸 / 印太喙鲸

Lunge feeding 冲刺捕食法

M

Makara 摩羯

Mandible 下颌

Marine mammals 海洋哺乳动物

Mating 交配

Megamouth shark 巨口鲨

Melon 额隆

Melon-headed whale 瓜头鲸

Melville, Herman 赫尔曼·梅尔维尔

Memory 记忆

Migration 迁徙，洄游

Minke whale, common 小须鲸

Moby-Dick《莫比·迪克》

Monodontidae 一角鲸科

Mud rings 泥环

Mysticetes 须鲸

Mythology 神话

N

Narwhal 一角鲸

Natsilane 纳特斯莱恩

North Atlantic right whale 北大西洋露脊鲸

Northern bottlenose whale 北瓶鼻鲸

Northern right whale dolphin 北露脊海豚

North Pacific right whale 北太平洋露脊鲸

O

Ocean acidification 海水酸化

Odontocetes 齿鲸

Omura's whale 大村鲸

Orca 虎鲸

P

Pacific white-sided dolphin 太平洋斑纹海豚

Paikea 派凯亚

Pakicetus 巴基鲸，巴基鲸属

Pantropical spotted dolphin 热带点斑原海豚

Parasites 寄生虫

Payne, Roger 罗杰·佩恩

Peale's dolphin 皮氏斑纹海豚

Perrin's beaked whale 佩氏中喙鲸

Phalaropes 瓣蹼鹬

Phocoenidae 鼠海豚科

Physeteridae 抹香鲸科

Pilot whale 领航鲸

Pink dolphin 粉红河豚，即亚河豚

Pinnipeds 鳍脚类

Platanistidae 恒河豚科

Pod（鲸）群

Polar bears 北极熊

Pontoporiidae 拉河豚科

Porpoises 鼠海豚

Pygmy beaked whale 小中喙鲸 / 秘鲁中喙鲸

Pygmy killer whale 小虎鲸

Pygmy right whale 小露脊鲸

Pygmy sperm whale 小抹香鲸

R

Remoras 鲫鱼

Right whales 露脊鲸

Risso's dolphin 瑞氏海豚

Rorquals 须鲸科动物

Rostrum 吻突

Rough-toothed dolphin 糙齿海豚

S

Saber-toothed beaked whale 剑齿中喙鲸，史氏中喙鲸的别称

Scrimshaw 牙雕，骨饰

Sea otters 海獭

Sedna 塞德娜

Sei whale 塞鲸

Sexual dimorphism 两性异型

Shepherd's beaked whale 谢氏塔喙鲸

Short-beaked common dolphin 短吻真海豚

Short-finned pilot whale 短肢领航鲸

Sirenians 海牛目，海牛类

Sizes 体形

Skew-beaked whale 歪嘴喙鲸，赫氏中喙鲸的别称

图书在版编目（CIP）数据

鲸鉴 /（美）凯尔茜·奥赛德著绘；曾千慧译. --
北京：北京联合出版公司，2022.7
ISBN 978-7-5596-6114-2

Ⅰ.①鲸… Ⅱ.①凯… ②曾… Ⅲ.①鲸—普及读物
Ⅳ.①Q959.841-49

中国版本图书馆CIP数据核字（2022）第052624号

鲸鉴

[美]凯尔茜·奥赛德（Kelsey Oseid）　著绘
曾千慧　译

出 品 人：赵红仕
出版监制：刘　凯　赵鑫玮
选题策划：联合低音
责任编辑：杭　玫
装帧设计：聯合書莊

关注联合低音

北京联合出版公司出版
（北京市西城区德外大街83号楼9层　100088）
北京联合天畅文化传播公司发行
北京华联印刷有限公司印刷　新华书店经销
字数132千字　787毫米×1092毫米　1/16　10.5印张
2022年7月第1版　2022年7月第1次印刷
ISBN 978-7-5596-6114-2
定价：108.00元